Freitätigkeit
Zwischen Beruf und Ruhestand

Leopold Stieger

Freitätigkeit

Zwischen
Beruf
und
Ruhestand

**Sinnerfülltes Gestalten
dieser Lebensphase**

Mit Cartoons von
Kristian Philipp

Bibliografische Information der Deutschen Nationalbibliothek
Die Deutsche Nationalbibliothek verzeichnet diese Publikation in der
Deutschen Nationalbibliografie; detaillierte bibliografische Daten
sind im Internet über http://dnb.de abrufbar.

2. Auflage
© 2018 by Leopold Stieger, Wien
www.seniors4success.at
www.newacademicpress.at

ISBN: 978-3-99036-017-0

Cartoons von Architekt DI Kristian Philipp, St. Michael im Lungau
Die Fotos von Seite 46 bis 68 wurden von den Autoren beigestellt, die auch
über die Bildrechte verfügen. Ausgenommen Seite 59: © Costa Konstantinou
und Seite 124: © Academia Superior/Wakolbinger.

Cover und Satz: Alexandra Schepelmann | schepelmann.at
Druck: CPI buchbücher.de

Inhalt

⟶

Vorbemerkungen

Gender:
Wenn Sie als Leser feststellen, dass manchmal nur das männliche Geschlecht angesprochen ist, bitte ich Sie um Verständnis: Natürlich ist jede Aussage über Pensionisten auch über Pensionistinnen gedacht, also stets beide Geschlechter.

Pension oder Rente:
In Deutschland kennt man den Begriff „Pension" kaum, weil es dort „Rente" heißt, in Österreich ist es genau umgekehrt. Aber es ist so wie mit einem Kochbuch: In Österreich kennt man kaum Aprikose, in Deutschland dafür Marille praktisch nicht. Da das Buch in Österreich entstanden ist, bitte ich Sie, Pension für Rente zu akzeptieren. Und nicht die monatliche Zahlung, sondern die Zeitphase zu sehen

„In der Regel"
Alle Aussagen, die Sie in diesem Buch finden, sind stets „grundsätzlich" zu sehen und können nicht auf individuelle Situationen eingehen.

Schlüssel zu Links:

1. Sie können sie abtippen und im Computer öffnen und eingehend benützen.

2. Sie können mit Ihrem Handy den QR-Code erfassen und öffnen. Sollten Sie noch keinen QR-Reader als App verwenden, können Sie diesen von ihrem App-Store, wenn Sie ein IPhone haben, oder von Google Play, wenn Sie ein Android-Handy besitzen, herunterladen.

Endlich frei!!!

Ist das ungefähr Ihre Situation?

Sie freuen sich auf die Pension/Rente und hoffen, dass jetzt alles von selber gut wird. Es wird sicherlich schön, wenn Sie noch etwas dazu tun, noch schöner. Der ganze Druck bei Ihrer letzten beruflichen Tätigkeit ist schlagartig zu Ende und Sie sind: „Endlich frei!" Jetzt kann das Leben beginnen, denken sich viele Menschen in Ihrer Lage und hoffen, dass dies alles von selbst passieren wird.

Aber wie sieht vielfach die Realität aus?

- Etwa 2/3 Ihrer im Leben gesammelten Kontakte sind schlagartig weg.
- Sie sind von 100 % oder mehr Druck und Engagement urplötzlich bei Null gelandet
- Sie sind von den meisten Info-Quellen und Netzwerken blitzartig abgeschnitten und werden nicht mehr zu üblichen Veranstaltungen (die Sie vielleicht oft geärgert haben) eingeladen, weil Sie von diesen Listen gestrichen wurden.

Sie haben ein Problem, Sie wissen es vielleicht nur noch nicht!

Dieses Buch wird Ihnen helfen, das Problem, das Sie haben oder eventuell bald haben werden, in den Griff zu bekommen.

Übrigens: Wie sind Sie zu diesem Buch gekommen, das Sie eben in der Hand halten? Drei Möglichkeiten können es vielleicht sein:

- Nette Freunde, Ihr(e) Partner(in) oder vielleicht Ihre Kinder haben es Ihnen geschenkt. Möglicherweise mit einem Hinweis, dass das in Ihrer jetzigen Situation nicht schaden kann. Schau es dir an!
- Sie haben es selbst zufällig entdeckt, in einer Buchhandlung, im Internet oder bei Bekannten und denken sich: schaden kann es nicht.
- Sie sind aktiv auf die Suche gegangen und wissen, dass Sie in Ihrer jetzigen Situation eine Hilfe brauchen können, denn Sie haben bereits erkannt, dass die vor Ihnen liegende lange Zeitspanne eine Planung und eine Struktur braucht.

Wenn die dritte Variante bei Ihnen zutrifft, dann haben Sie es schon viel leichter als in den beiden anderen Fällen, weil Sie wohl schon erkannt haben, dass es Ihr Problem ist. Ihnen ist am leichtesten geholfen.

Wenn die zweite Antwort zutrifft, sind Sie sich bereits der Tatsache bewusst, dass die Lösung für die Gestaltung Ihres restlichen Lebens nicht ganz von selbst kommen wird.

Wenn die erste Antwort Ihre ist, dann haben Sie es am schwersten. Vielleicht haben Sie in Ihrem Leben schon oft Ratschläge vom Partner, von Freunden oder Arbeitskollegen erhalten und Sie haben möglicherweise einen Widerstand in sich gespürt, diese Vorschläge ernst zu nehmen und zu realisieren. Wenn Sie diesen Widerstand auch bei der Gestaltung Ihres weiteren Lebens spüren, habe ich keinen wirksamen Rat. Vielleicht nur den: lassen Sie sich trotzdem in das Thema ein. Versuchen Sie es! Ich hoffe, Sie gehen mit mir bis ans Ende des Buches.

Ich wünsche Ihnen, dass Sie bald zur dritten Antwort gelangen und es Ihnen Freude macht, sich selbst zu entwickeln, Ihre Vision für Ihr weiteres Leben in der Phase der „Freitätigkeit" zu finden und Sie Ihr Leben sinnerfüllt betrachten können.

Alles Gute für diese Reise wünscht Ihnen
Leopold Stieger

PENSION .. WAS NUN?
ENDLICH FREI?

TEIL I:
WAS KOMMT AUF MICH ZU?

I.   Chance oder Unheil?

15 bis 20 Jahre im Schnitt bei guter Gesundheit tun und lassen können, was man will. Endlich das tun können, was ich schon lange tun wollte. Das wünscht sich jeder und hat vielleicht schon Jahre darauf gewartet. Aber warum sollte das ein Unheil sein? Die Antwort ist ganz einfach: weil man nicht gelernt hat, diese Zeit sinnvoll und mit Selbstzufriedenheit auszufüllen. Eine Chance ist es dann, wenn man die Gelegenheit beim Schopf packt. Aber wie kommt es zu dieser Gelegenheit? Es ist der demografische Wandel, der uns diese Chance eröffnet.

Gehen wir einen Schritt zurück. Ein Sprung von 100 auf Null ist keine Kleinigkeit. Und doch schafft dies fast jeder Mensch – oder glaubt zumindest, es geschafft zu haben. Vor kurzem erreichte ich am Telefon nach mehreren Versuchen einen Vorstandsdirektor eines großen Unternehmens, über den bereits in den Zeitungen stand, dass er Ende des kommenden Monates „in den Ruhestand" treten werde. Da ich ihn persönlich kannte, konnte ich ihm die Frage stellen, was er denn anschließend machen werde. Die Antwort war: „Ich habe keine Zeit, darüber nachzudenken, weil ich noch so viel zu erledigen habe". Das passiert vergleichsweise schon öfters im Leben, dass man sich auf eine geplante Reise vorbereiten will, aber leider nicht wirklich dazu kommt. Aber wenn es um die eigene Zukunft geht und wenn es um die Gestaltung eines Viertels, wenn nicht eines Drittels des eigenen Lebens geht, dann ist diese Antwort ein Hammer, wenngleich dieser Mann in guter Gesellschaft ist, weil viele seiner Kollegen ebenso denken und handeln.

Es trifft nicht alle Menschen in gleicher Weise. Ein Teil hat das Glück, nach den ersten Wochen im Ruhestand, nach einer lange geplanten Reise, dem Ordnen der Bibliothek oder des Weinkellers von jemandem zu einer Beschäftigung eingeladen zu werden. Ein anderer Teil findet sich mit der neuen Situation ab, hängt seine lebenslang gesammelten Erfahrungen an den Nagel und versucht es sich gut gehen zu lassen. Eine Dunkelziffer ist die Zahl derer, die hart auf dem Boden landen, enttäuscht sind, dass von den vielen Kontakten sich niemand um ihn oder sie kümmert und sie sich immer tiefer in das so genannte „Schwarze Loch" eingraben. Und dann gibt es eine Gruppe von Menschen, die schon seit längerem ein klares Bild ihrer Zukunft vor sich haben und konsequent darauf zu gehen.

Trifft man Menschen und fragt sie, wie es ihnen jetzt im Ruhestand gehe, kann man oft nicht unterscheiden, ob die Antwort ehrlich oder gelogen ist. Vielleicht sogar eine Selbstlüge. Es ist auch in Interviews ganz schwer, wirklich eine wahrhafte Schilderung des Zustandes zu erfahren. Denn alle wissen, was eine gelungene Antwort wäre. Ist oder wäre?

Zu welcher Gruppe glauben Sie zu gehören? Natürlich gibt es Zwischentöne und wahrscheinlich wäre eine größere Differenzierung sinnvoller. Aber die Grundrichtung gilt wohl für alle Menschen:

1. Gefunden und wachgeküsst werden
2. Hart aufprallen und im „Schwarzen Loch" landen
3. Es sich gut gehen lassen
4. Die lange geplante Herausforderung zu starten

Hätten wir den Pensionsantritt nicht als fixes Datum, das auf alle Menschen zukommt, könnten wir alles anders planen. Das feste Pensionsantrittsdatum wirkt wie ein Brett vorm Kopf, oder wie eine Mauer. Stellen sie sich vor: jeder könnte frei entscheiden, wann er seine Berufstätigkeit innerhalb eines breiten Bandes beendet. Dann fiele der Sturz von 100 auf Null sanfter aus.

Was hat uns die vieldiskutierte demografische Entwicklung gebracht?

Wir sind die erste Generation, denen eine neue Lebensphase geschenkt wurde! Ein Viertel, wenn nicht sogar ein Drittel Ihres Lebens werden Sie „in Rente sein". Das erfordert Antworten auf die Frage, wie diese lange Zeit sinnerfüllt gestaltet werden kann, nicht von irgendwem, sondern von Ihnen und für Sie. Denn das hat es noch nie vorher gegeben. Wir sind die erste Generation, die sich – bedingt durch die gestiegene Lebenserwartung – diese Frage wirklich stellen darf. Das ist unsere große Chance, denn wir sind die ersten Nutznießer dieser wunderbaren

Entwicklung. Dieses Geschenk-Paket können wir verschlossen aufbewahren oder handfest auspacken und nützen. Wir haben die Wahl.

Wenn wir an diese vergangene Zeit denken, kommt uns vielleicht unser Großvater oder ein Onkel in den Sinn: damals waren die Menschen beim Übergang in den sogenannten Ruhestand in der Regel schon müde, krank oder ausgezehrt.

Ein Blick auf die Lebensphasen zeigt dies deutlich:

1970 waren es drei:

Ausbildung	Berufstätigkeit	Ruhestand

2017 sind es vier:

Ausbildung	Berufstätigkeit	Freitätigkeit	Ruhestand

Was ist in diesen Jahren geschehen?

Unsere Großeltern konnten erst mit 65 in Pension gehen, alles andere war unmöglich. Die Lebenserwartung betrug damals 66/73 (Männer/Frauen) Jahre. Unsere Politiker haben uns Jahrzehnte lang mit Blick auf Wählerfang ermöglicht, immer früher in Pension zu gehen. Obwohl unsere Lebenserwartung stetig gestiegen ist und derzeit bei 79/83 liegt. Und die Lebenserwartung steigt noch immer: alle 24 Stunden um 6 Stunden! Nicht um Sekunden oder Minuten, sondern um Stunden. Das ist eine Sensation, die fast unglaublich ist, aber wahr. Wir können damit rechnen.

Älterwerden liegt im Trend. Die steigende Zahl Hundertjähriger macht auf beeindruckende Weise sichtbar, dass die Lebenserwartung steigt. Das führt zu überraschenden

Erscheinungen. In Japan wurden die neuen 100-jährigen stets mit kostbaren Geschenken erfreut. Das war auch gut möglich, gab es doch 1963 insgesamt nur 153 Hundertjährige. Im Vorjahr waren es aber bereits 65.692, die dieses Alter erreicht haben. Und jetzt musste Japan den alten Brauch auflassen, weil es sich die Regierung in Tokio schlicht und einfach nicht mehr leisten kann. Erfreulich ist, dass die meisten Menschen aufgrund der immer besseren Lebensbedingungen relativ gesund älter werden und der Pflegebedarf erst im hohen Alter deutlich ansteigt. Die Daten aus Österreich sind ähnlich: 1971 waren es 54 Hundertjährige, 2017 bereits 1371.

Und damit ist etwas geschehen, was keine Generation vor uns erlebt hat: wir haben eine neue Lebensphase geschenkt bekommen. Wirklich ein Grund, sich von Herzen darüber zu freuen. Da es das noch nie gab, ist es schwer in die Köpfe der Menschen zu bringen. Die meisten Menschen sprechen auch heute noch von den „3 Lebensphasen", diese neue kommt meist noch nicht in ihrem Denken vor. Kümmern Sie sich diesmal nicht um andere: Nehmen Sie selbst dieses Geschenk einfach an!

Im Rahmen der Plattform Seniors4success haben wir bereits seit Jahren nach einem geeigneten Namen für diese neue Zeit gesucht. Dutzende sind uns eingefallen und kein Begriff hat uns überzeugt. Nach einem Workshop mit der Motivforscherin Frau Dr. Karmasin und einem von ihr genannten Wortschöpfer sind wir schließlich bei einem Wort gelandet, das uns überzeugt hat:

„Die Freitätigkeit"

Es ist die Zeit nach der Berufstätigkeit – und vor dem eigentlichen Ruhestand – und sie ist bestimmt durch zwei Wortteile: frei + tätig. Und genau das soll es auch sein: kein Zwang, sondern eine freie Entscheidung, tätig zu sein, den Umfang und die Zeit selbst bestimmen zu können, eben Freitätigkeit.

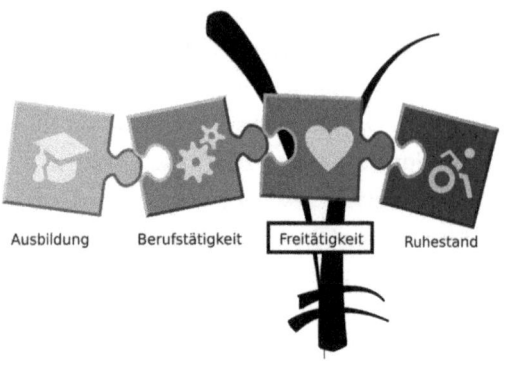

Ausbildung   Berufstätigkeit   Freitätigkeit   Ruhestand

Für die Planung unserer Zukunft ist das eine sehr erfreuliche Erscheinung, denn diese Phase ist etwa 20 Jahre lang und genau das ist die Zeit, die wir für unsere Visionen, Herausforderungen und persönlichen Ziele nützen können. Denn unsere Lebenslänge hängt zu 65 % von unserem Lebensstil ab, nur zu 25 % von den Genen (Professor James Vaupel ist Bevölkerungsforscher und arbeitet in der Zwillingsforschung). Unseren Lebensstil zu ändern ist es nie zu spät: ausgewogene Ernährung, ausreichend Schlaf, regelmäßiger Sport, ab und zu ein Glas Wein und, ganz wichtig, Freunde, mit denen man sich austauscht. Die Freitätigkeit ist „unsere Zeit"!

II. Warum ich dieses Buch schreibe und was mich dazu berechtigt

Seit Ende meines Studiums lässt mich die Idee „Selbstentwicklung" nicht mehr los. In unzähligen Seminaren, Workshops, Konferenzen und Vorträgen habe ich versucht, diesen Ansatz zu vermitteln und Menschen zu helfen, selbst ihr Leben in die Hand zu nehmen, statt die Hände zu verschränken und darauf zu warten, von jemandem entwickelt zu werden.

Nach Übergabe meines Unternehmens („GfP – Gesellschaft für Personalentwicklung GmbH") an meine Söhne habe ich mir eine neue Vision gesucht und mich für die neue Zielgruppe „Menschen rund um die Pensionierung" entschieden. Da geht es darum, die eigenen Potenziale zu erforschen und zu nützen. Kein Potenzialerhebungs-Instrument kann diese Aufgabe wirklich übernehmen, auch wenn man sich eine Art Scanner wünschen würde, sich sozusagen in eine Röhre zu begeben und anschließend den Ausdruck der persönlichen Talente und Fähigkeiten zu erhalten, es wären nicht ihre ganz persönlichen und vielleicht tief verborgenen Potenziale.

Ich habe in den Jahren, seit ich mich auf diese Zielgruppe konzentriere, viele Menschen getroffen, die dankbar waren für Anstöße bei ihrer Entwicklung. Glänzende, strahlende Augen zu sehen, wenn diese Arbeit gelungen war, war mir eine beglückende Erfahrung und Bestätigung, mit dieser Arbeit fortzufahren.

Leider habe ich aber auch erleben müssen, dass selbst gute Bekannte sich weigern, die Zeit nach der Berufstätigkeit zu bedenken, sich darauf vorzubereiten und die Chancen der selbständigen Lebensplanung zu nützen. Die Worte „Mach dir nur keine Sorgen um mich, ich brauche das nicht" klingen lautstark in meinen Ohren nach, weil ich sie oft hören musste. So wie es aber keinen Glaubensbeweis zur Existenz Gottes gibt, gibt es auch keinen Beweis dafür, dass man sich vorbereiten und das Leben selbst planen muss, um glücklicher und erfüllter zu leben.

In meinen Seminaren mit kleinen Gruppen und längerer Dauer gelingt es mir verhältnismäßig leicht, den Teilnehmern ihre Chancen und die Möglichkeiten ihrer Zukunftsplanung bewusst zu machen. Schließlich sind meist die Teilnehmer eines solchen Seminars ja grundsätzlich bereit, an sich zu arbeiten. Es ist beglückend für mich, wenn sie beim Auseinandergehen strahlen und sich ihrer Potenziale bewusst sind.

Aber ich dachte mir, es gibt so viele Menschen, die keinen Zugang zu einem Seminar haben. Warum sollten sie nicht auch eine Hilfe erhalten? Das Ergebnis ist dieses Buch, in dem ich auf die Erfahrungen aus den Seminaren aufbaue, aber die sehr schwere Aufgabe übernehme, die Leser nicht zu kennen und nicht helfen zu können. Jetzt haben Sie das Ergebnis in der Hand. Hoffentlich gelingt dieser Wegbegleiter.

III. Was wird im Alter besser?

In Vorträgen, Diskussionen oder Seminaren stelle ich öfters die Frage, „Was wird mit dem Älterwerden besser oder mehr?" Und erlebe dann stets dasselbe Bild: erstarrte Gesichter, die ausdrücken, dass sie an meinem Geisteszustand zu zweifeln beginnen. Denn auf die umgekehrte Frage, was denn mit dem Älterwerden weniger wird, ja, da hätten sie viele Antworten parat gehabt. Es ist ja bewiesen und dauernd zu sehen, wie Ältere Defizite haben, etwas nicht mehr können, wie Kraft und Verstand ja laufend weniger werden und dies alles mit den Jahren immer deutlicher zu sehen ist. Aber was soll „mehr" werden? Meist meldet sich dann ein Zuhörer, lächelt und stellt fest: die Wehwehchen werden immer mehr. Es fehlt also sicherlich den älteren Menschen das Selbstwertgefühl, auf etwas hinzuweisen, was Menschen erst im höheren Alter können.

„Ich altere wohl; doch täglich lerne ich etwas dazu."
Solon von Athen

In Seminaren lade ich dann die Teilnehmer zu zweit oder in Dreierrunde ein, gemeinsam zu erheben, was bei jedem einzelnen heute an Fähigkeiten und Kenntnissen vorhanden ist, die vor zehn oder mehr Jahren noch nicht da waren. Im Seminarraum sprudelt es anschließend stolz und selbstbewusst von solchen Berichten. Ein Beispiel aus jüngster Zeit. Einem Teilnehmer ist klar geworden, dass er heute eine richtige Antwort weiß, wenn ein selbstbewusster Mitarbeiter von ihm eine außertourliche Gehaltserhöhung fordert – oder sonst das Unternehmen verlassen werde. Da wird jeder jungen Führungskraft klar, als Loser übrig zu bleiben: erhält der junge Mann die Erhöhung, ist das Team kaputt, erhält er sie nicht und geht, sagen alle im Unternehmen, wie man nur einen so tollen Hecht so leichtfertig gehen lassen kann.

Aber es stimmt tatsächlich und ich erlebe immer wieder Menschen, die sich auf die Suche nach diesen neuen Stärken einlassen und stolz von dabei entdeckten Fähigkeiten berichten, die sie vor einigen Jahren noch nicht hatten. Es wird etwas m e h r mit dem Älterwerden.

Ich denke mir: wissen Unternehmen eigentlich, welche Schätze sie in ihren Reihen haben, wenn etwa junge Führungskräfte solche erfahrenen Hasen um Rat fragen könnten, als Mentoren beispielsweise. Glücklicherweise findet ganz langsam in vielen Unternehmen ein Bewusstseinswandel statt – ältere Kollegen werden zunehmend wertgeschätzt. Das ist angesichts der demografischen Entwicklung bitter nötig. Denn sie haben viele Jahre Berufserfahrung, sind loyal gegenüber ihrer Firma und souverän in Kundengesprächen – sie sind für viele Unternehmen enorm wichtig. Unternehmen müssen sich überlegen, wie sie ältere Mitarbeiter länger im Betrieb halten – oder sogar neu anlocken.

„Älter werden heißt auch besser werden.“
Jack Nicholson

Die Plattform Seniors4success wollte wissen, wie Menschen über die Veränderung der Potenziale denken und vor allem, was sie meinen, was im Alter mehr oder besser wird. Sie hat dazu eine Liste mit 20 Merkmalen erstellt und unter diese Begriffe alle aus einer vorausgehenden Umfrage gesammelten Rückmeldungen eingeordnet. Vielleicht ist diese Vorgehensweise nicht wissenschaftlich, aber wir meinen, sie ist praktisch. Es sind – wie Sie sicherlich schon bemerkt haben – nur positive Merkmale erwähnt. Wir suchen ja nicht die Defizite. Bis heute sind 2160 Antworten eingetroffen. Dieses Bild ist spannend, weil es zeigt, dass die einzelnen Merkmale sehr unterschiedlich gewichtet wurden. Ehrlich gestanden hat uns das Ergebnis bei einigen Antworten überrascht. Aber auf Grund der großen Zahl an Mitwirkenden stimmt die dargestellte Tendenz.

Wenn Sie mehr über diese Umfrage wissen wollen, dann öffnen Sie im Browser Ihres PC den Link sen4.at/Ergebnisse.

Dieses Ranking der Fähigkeiten Älterer zeigt unser Kapital, dessen sollten wir uns sicher sein und unser Selbstwertgefühl damit steigern. Liest man diese Liste, muss man zweifelsohne zugeben, dass diese Fähigkeiten und Kenntnisse jüngere Menschen (noch) nicht haben. Ein Grund, stolz zu sein!

IV. Elf Gründe, das Leben jetzt zu planen

Viele Menschen lehnen es ab, ihre Zeit nach der Pensionierung, die Zeit der sogenannten „Freitätigkeit", zu planen. Viele Top-Manager, die nie ohne Tages- bis 5-Jahresplan leben konnten, erledigen an ihrem letzten offiziellen Arbeitstag noch dieselben Aufgaben wie vorher. Und dann nehmen sie den Mantel vom Hacken (im Film „About Schmidt" eindringlich dargestellt) und gehen. Und wissen selbst in diesem Moment noch nicht, wohin. Nun, zur Erholung, zu etwas Ruhe, zu einer Pause. Aber eine solche Pause hat in der Regel kein Ende mehr: es ist die Zeit bis zum Lebensende.

Natürlich gibt es Menschen, die schon etwas planen, aber hören Sie selbst zu, wie das meist klingt: „Ich habe so viele Hobbies und bin sicherlich damit ausgelastet." Stellt man diesen Personen dann die vertiefende Frage, welche Hobbies und wie oft im Jahr, fällt oftmals dieses Kartenhaus zusammen. Dann kommt zur Ablenkung oft der Satz „Ich hoffe, dass ich viele Enkelkinder bekomme". Das ist möglich, aber nicht sicher. Enkelkinder sind etwas Schönes, das kann ich mit 9 Enkelkindern voll Freude sagen, aber es ist in der Regel nicht „formatfüllend", verglichen mit der früheren beruflichen Herausforderung. Noch dazu endet diese Aufgabe nach einigen Jahren, wenn die Enkelkinder groß sind.

Für viele Menschen ist das Erreichen der Pension das eigentliche Ziel, das ihnen jahrelang wie eine Karotte vor der

Nase tanzt. Sie sagen dann schon viele Jahre vorher: noch soundsoviele Jahre und dann habe ich es geschafft, dann bin ich im Himmel. Fatal ist aber, dass sie alle ihr Ziel erreichen, sie haben es beim Ausscheiden blitzartig erreicht. Es ist dann so wie bei einem Bergsteiger, der das Gipfelkreuz, sein Ziel, erreicht hat. Weiter hinauf geht es nicht mehr. Das Ziel ist erreicht und hat keine weitere Wirkung mehr.

Gehen Sie bitte die folgende Liste mit mir bis zum Ende durch, auch wenn Sie schon überzeugt sind. Vielleicht werden Sie noch sicherer:

I. Wer nicht selbst plant, wird oft von anderen verplant

Viele Mitmenschen „beschäftigen" den Pensionär, weil er/sie ohnehin Zeit habe. Aber sind diese Beschäftigungen für diese Personen wirklich sinnerfüllend? Ich kenne ein Rentnerpaar, das täglich quer durch die Stadt fährt, um am anderen Ende der Stadt ein Enkelkind abzuholen, in den naheliegenden Kindergarten zu bringen, wieder nach Hause zu fahren, um dieselbe Fahrt zur Abholung des Enkelkindes am Nachmittag nochmals zu machen. Bedenken Sie: ganz leicht wird man von anderen verplant, wenn man nicht selbst plant.

2. Länger und gesünder leben wollen

Viele internationale Studien belegen, dass es gesünder ist, sich zu fordern, statt die Zeit in der Hängematte zu verbringen. Eine Studie mit Daten von 24.000 österreichischen Versicherten in einer Langzeitstudie der Universität Zürich ergab: Wer sich nach der Pensionierung nur mehr Ruhe und Erholung gönnt, verschenkt pro Lebensjahr zwei Monate, im Gegensatz zu denen, die sich fordern und herausfordern mit sinnerfüllten Visionen.

„Keine Grenze verlockt mehr zum Schummeln als die Altersgrenze."
Karl Kraus

Eine weitere Langzeit-Studie (Oregon State University) mit 2956 Personen, die ab 1992 an der Studie teilnahmen und 2010 in Pension gingen, ergab, dass der Großteil im Alter von 65 in Rente ging. Aber statistische Analysen ergaben, dass Personen, die mit 66 in Rente gingen, eine um 11 % geringere Sterberate hatten. Die Annahme, dass man gesünder bleibt und länger lebt, wenn man sich schont, ist schlicht und einfach falsch.

3. Arbeiten nach der Pensionierung – das Interesse steigt.

Seniors4success hat 2014 und Ende 2016 eine repräsentative, österreichweite Umfrage durchgeführt mit der Frage „Wie denkt der Österreicher über die Pension?". Ergebnis: Die Zahl derer, die nach der Pension – bezahlt oder ehrenamtlich – noch arbeiten wollen, ist in diesen zweieinhalb Jahren von 33 % auf fast 50 % gestiegen. Die Zeit der „Freitätigkeit", die wir sicherlich mit etwa 20 Jahren beschreiben können, lädt ja geradezu ein, sie sinnerfüllend auszustatten. Am leichtesten tut sich dabei jemand, der noch gegen Ende der Berufstätigkeit die Fühler ausstreckt, was es an Möglichkeiten geben könnte, im eigenen Unternehmen, in einer fremden Firma oder sonst wo am Arbeitsmarkt, gegen Bezahlung oder ehrenamtlich.

4. Beschäftigung ist nicht mit Herausforderung gleichzusetzen.

Viele Pensionisten sagen ja, keine Zeit zu haben. Und viele von Ihnen sind im sogenannten „Pensionisten-Stress". Sie tun viel, aber fragen sich oft nicht, ob dies befriedigend, ja sinnerfüllend für sie ist oder sie nur von Arbeit zugedeckt werden. Sie schmeißen somit das lebenslang gesammelte Know How auf den Misthaufen. Wollen Sie das? Immer wieder treffe ich Menschen, die fast atemlos von einer Aufgabe zur anderen eilen, ohne oft ein längerfristiges Ziel vor Augen zu haben. Und dabei der Frage ausweichen, ob das der Sinn ihres Lebens ist.

„Nimm die Erfahrung und die Urteilskraft der Menschen über 50 heraus aus der Welt, und es wird nicht genug übrigbleiben, um ihren Bestand zu sichern."
Henry Ford

5. Das Hirn, das gefordert wird, bleibt länger fit.

Hirnforscher sagen, das Gehirn ist so wie ein Muskel davon abhängig, ob es gebraucht wird. Professor Gerhard Roth gibt aus der Erfahrung eines Hirnforschers auf die Frage, „Wie können wir auch im Alter geistig fit bleiben?" folgende Antwort: „Indem wir unser Gehirn ständig fordern, so, dass es weh tut". Das gelingt z.B. nicht mit Sudoku. Warum nicht? Weil man dann zwar ein trainiertes Sudoku-Hirn hat, das in einer Hirnecke ruht, aber keine ganzheitliche Hirnentwicklung bedeutet. Wie lange ist das Gehirn imstande zu lernen? Die Nervenzellen im Gehirn können bis ins hohe Alter neue Verbindungen miteinander eingehen und ermöglichen es uns auf diese Weise, ein Leben lang Neues zu erlernen.

6. Ich will nicht so werden wie manche Ältere in meiner Umgebung

Sehen Sie unterschiedliche Menschen in unserer Umgebung in Ihrem Umkreis an: fallweise erleben Sie Menschen energiegeladen, unternehmungslustig und gesund. Warum? Weil sie ein Bild von ihrer Zukunft haben und einer erfüllenden Herausforderung folgen. Und dann werden Sie wieder Menschen treffen – möglicherweise in Ihrem Alter – die wirken, als wären sie zu nichts mehr fähig. Da ist es doch sinnvoller, sich eine herausfordernde Vision zu suchen und mit aller Energie anzustreben. Und sich von engagierten Mitmenschen anstecken zu lassen. Wozu hat ein Berg ein Gipfelkreuz? Damit man weiß, wo man hin will!

7. Gleichaltrige Ex-Mitschüler (meine auch?) unterscheiden sich

Bei einem Abitur- oder Maturatreffen gibt es manche, die müde und langsam sind und sich pflegebedürftig verhalten, andere sprudeln ihre Aktivitäten und Themen nur so heraus.

Wohlgemerkt: gleicher Jahrgang. Warum? Weil diese eine Idee, einen Plan verfolgen. Bei meinem 50-jährigen Maturajubiläum hat ein ehemaliger Mitschüler bereits am frühen Abend Abschied genommen, weil er schon müde sei. Ein anderer kam an diesem Tag von seinem Einsatzort in Russland und stellte am späten Abend die Frage an die Runde: So, und was machen wir jetzt?

8. Wehwehchen und Arztbesuche sind nicht das Leben

Es gibt Menschen, die erzählen einem dauernd über ihre Probleme und Kränklichkeiten. Andere sagen sich, warum sollte ich nicht eine Aktivität aufgreifen? Mit wem treffen Sie sich lieber? Viele haben ja das Wartezimmer eines Arztes als ihre persönliche Wärmestube akquiriert und kommen immer wieder mit einem eben entdeckten Leiden. Speicher dafür ist die immerwährende Frage, was mir heute weh tut. Damit plädiere ich nicht für die Verweigerung eines Arztbesuches, aber für eine gesunde Herausforderung

9. 60 ist das neue 40

Auf Grund der medizinischen Entwicklung und eigener Aktivität ist heute im Alter vieles möglich, was früher undenkbar war. Die einen schauen auf ihren Geburtsschein (und handeln dementsprechend), die anderen kümmern sich nicht um das Kalenderalter (und handeln so). Oft hört man ja den Spruch: „Ich möchte alt werden, aber nicht alt sein". Vielen Senioren tut es gut, wenn ihnen ein Gegenüber bestätigt, jung auszusehen. Und sie fühlen sich geschmeichelt, wenn der Gesprächspartner noch hinzufügt, das genannte Alter niemals glauben zu können. Manche Menschen greifen deshalb in die Kosmetiklade, andere pflegen einfach ihr Selbstwertgefühl.

„Es kommt nicht darauf an, wie alt man wird,
sondern wie man alt wird."
Ursula Lehr

10. Die (alten) Netzwerke verblassen rasch.

Wer sich nicht selbst fordert, wird erleben, dass die Netze immer löchriger werden und keine neuen von selbst dazu kommen. Das berichten immer wieder Menschen, die während der Berufstätigkeit sehr vernetzt waren, jetzt aber feststellen, dass diese Kontakte sich rapid verdünnen. Das unterschätzen viele Menschen, weil sie so fest an ihre alten Netzwerke glauben. Oftmals hört man Berichte, dass jemand nicht glauben kann, wie schnell diese Kontakte verschwinden. Vor allem geschäftlich begründete Kontakte laufen schneller aus als man glauben will. Obwohl man gedacht hatte, dass viele davon auch persönliche sind. Es ist also sehr zu empfehlen, immer wieder neue Kontakte zu knüpfen, neue Netzwerke zu suchen, zu planen und zu erweitern.

11. Bewegung (Sport) und gesunde Ernährung sind eine wichtige Medizin.

Hirnforscher wissen heute sehr genau, wie die körperliche Bewegung und gesunde Ernährung positive Effekte bieten, um den Geist permanent und vielfältig herauszufordern.

Durch verbesserte Durchblutung des Gehirns, eine Freisetzung von Botenstoffen und durch das Wachstum neuer Nervenzellen kann der Alterungsprozess deutlich verlangsamt werden. Viele können sich nicht dazu entscheiden.

P.S.: Natürlich hängt das alles davon ab, wie der gesundheitliche Status ist. Wer krank ist, kann nicht so aktiv sein. Das ist mir wichtig, gesagt zu haben.

V. Wie denken die Menschen über die Vorbereitung auf die Pension?
(Bereiten sich alle Menschen auf die Pension vor oder bin ich der Einzige?)

Die Plattform Seniors4success konnte mit dem Marktforschungsunternehmen „Telemark Marketing" Ende 2016 eine österreichweite, repräsentative Umfrage durchführen. Kurz zusammengefasst: eine gezielte Vorbereitung auf die Pension wird nicht generell als sinnvoll empfunden. Was heißt das? Wahrscheinlich hat man sich bei jedem Stellenwechsel und jedem Karriereschritt auf die neue Situation mehr oder minder intensiv vorbereitet. Aber jetzt, am möglicherweise gravierendsten Übergang im Leben eines Menschen – am Ende der Berufstätigkeit und am Beginn eines neuen Lebens – wird dieser Gedanke einer Vorbereitung von der Mehrheit der Betroffenen abgelehnt. Warum ist das so? Ist es Angst vor dem Ende des Lebens, ist es Unwissenheit und Unfähigkeit, ist es Bequemlichkeit oder Verdrängung? Wir wissen es – leider – nicht.

Einige konkrete Daten aus dieser Umfrage:

Personen im Alter ab 50 sagen zu 40.3 %, dass sie eine Vorbereitung auf die Pension sinnvoll finden. Die Gruppe 40 bis 49 Jahre hingegen stellt dies nur zu 31.6 % fest. Da könnte man meinen: je älter, umso größer ist die Bedeutung der Vorbereitung. Das stimmt aber nicht, denn die 30 bis 39jährigen sind zu 49.3 % der Meinung, dass eine Vorbereitung sinnvoll ist.

Und wieviel Menschen bereiten sich tatsächlich auf das Leben nach der Berufstätigkeit vor? Es sind 19.5 %, also nur jeder Fünfte. Das heißt, dass sich 80.5 % keine Gedanken machen und damit keine Vorbereitung auf diese Zeit vornehmen. Ja, 44.8 % sind sogar dezidiert gegen eine derartige Planung eingestellt. Und wie sieht es rückwirkend aus? Heute würden sich 32.2 % derer, die sich nicht vorbereitet hatten, sehr wohl vorbereiten, wenn sie noch einmal die Chance hätten, es zu tun.

Eine IMAS-Umfrage aus 2017 kommt zu dem Ergebnis, dass sich „67 % der berufstätigen Best Agers (50 – 65) bisher noch kaum Gedanken über die Zeit nach der Pensionierung gemacht haben. Nur rund ein Drittel dieser Zielgruppe, die noch nicht in Pension sind, hat sich einigermaßen intensiv mit der Zukunft im Ruhestand auseinandergesetzt. De facto verdrängen also nach dieser Studie rund zwei Drittel der Berufstätigen den letzten Lebensabschnitt".

Was unter einer gezielten Vorbereitung zu verstehen ist, haben wir nicht abgefragt. Aus einer früheren Umfrage wissen wir, dass man dabei an Bücher, Artikel, Filme, Internet und andere Quellen denkt bzw. an Vorträge, Beratungen, Freunde und Seminare – mit sicherlich unterschiedlicher Intensität.

Zusammengefasst kann man auf Basis dieser aktuellen Umfragen sagen, dass sie für die Menschen, die vor diesem Übergang stehen, keinen Beweis und keinen statistischen Grund darstellen, es doch zu tun. Es bleibt also jedem Einzelnen überlassen, es zu tun oder zu lassen. Die Masse tut es nicht, ein eher kleiner Prozentsatz aber schon. Ich wünsche Ihnen, dass Sie dazu gehören.

VI. Abschied vom Defizitdenken

Gott gebe, dass sich die Schulsysteme gegenüber der Zeit unserer Schulbesuche stetig und nachhaltig verändern. Ich sehe aus den Berichten meiner Enkelkinder, wie viele Versuche Lehrer heute anstellen, um von dem Defizitdenken ein wenig weg zu kommen. Aber zur Zeit meiner Schuljahre herrschte der rote Stift, mit dem der Lehrer auf die Suche nach Fehlern ging. Da gab es Regeln, wie wenige es bei einem Einser und wie viele es bei einem Fünfer sein durften oder mussten. Also an der Zahl der Fehler wurde der Schüler gemessen und gewogen und mit der entsprechenden Note versehen.

Stellen Sie sich einmal vor, der Lehrer hätte – um es deutlich zu sagen – einen grünen Stift verwendet und alles unterstrichen, was richtig in dieser Arbeit eines Schülers ist. An Stellen, wo ein Fehler vorliegt, könnte er stoppen, den Strich unterbrechen und dann wieder fortfahren. Die Fehler könnte man trotzdem genau sehen und zählen, man könnte auch ein „Nicht genügend" verteilen, aber der Schüler hätte das vertrauensbildende Zeichen erhalten, auch einiges gewusst, gekonnt, getroffen zu haben.

Da ich kein besonders guter Schüler war, habe ich die gesamte Bandbreite der Notenskala am eigenen Leib erlebt und erlitten. Meinem Selbstwertgefühl hat dies sehr geschadet. Aber vielleicht ist dies – um auch etwas Positives daran zu finden – die Basis dafür geworden, dass ich mich in meinem Beruf und bis heute der Potenzialorientierung verschrieben habe, der Überzeugung, dass nur das, was wir haben – die Potenziale – unser Spielkapital für das Leben sind und eben nicht das, was wir nicht haben – die Defizite – mit denen man nichts machen kann. Leicht ins Leben zu übertragen ist dieser Gedanke nicht. Ansonsten würden nicht noch immer viele kleine und große Unternehmen mit ihren Personalentwicklern sogenannte Bedarfs-Erhebungen durchführen, um dann die Defizite zu sammeln und entweder mit einem Einzelseminar oder mit Gruppen im Inhouse-Training abzubauen. Sie denken, so verschwinden die Defizite generalstabsmäßig. Personalentwicklung ist etwas ganz anderes, auch wenn sich die genannten Defizitsammler Personalentwickler auf die Bürotür schreiben.

In jedem Menschen steckt eine ganze Menge an Potenzial, das sich noch gar nicht entwickeln konnte. Aber man kann Potenzialentfaltung nicht erzwingen (was Unternehmen gerne machen würden), sondern nur fördern. Die Entfaltung individueller Potenziale kann nicht unter Druck gelingen, sondern nur, wenn es der Person gut geht, wenn

ABSCHIED VOM DEFIZITDENKEN
WAS KANN ICH, WAS KANN ICH NICHT?

sie Lust darauf hat, sich weiter zu entwickeln. Dazu gehört Neues ausprobieren, selbst nachdenken und zu schauen, was es alles noch zu entdecken gibt.

Vertrauen wir auf unsere Potenziale, sie sind unser Kapital. Neues kann ich immer dazu lernen und so mein Kapital vergrößern.

VII. Und wenn ich nichts tue?

Geschieht – zunächst – gar nichts. Denn Sie haben das Recht, so zu handeln, wie Sie glauben, dass es für Sie richtig ist. Erfahrungsgemäß geht das auch eine gewisse Zeit ganz gut, man hat mit Reisen, Golfspiel und Weinstudium genug zu tun. Die Frage ist nur, wie lange hält die Zufriedenheit mit dieser Einstellung an. Denn eines muss man wissen: wenn man sich zu dieser Einstellung entschieden hat, kann man nach einigen Jahren nicht mehr einfach an den Ausgangspunkt zurückkehren und nochmals neu beginnen. Vieles hat der Körper inzwischen gelernt und die innere Einstellung hat sich verfestigt.

Ein Teil dieser Menschen landet an dieser Abzweigung im „Schwarzen Loch". Was ist das und wie entsteht es? In einem Gastkommentar für die Tageszeitung „Die Presse" habe ich zusammen mit dem bekannten Hirnforscher Prof. Dr. Gerald Hüther einen Artikel mit dem Titel „Der tiefe Sturz der Männer ins schwarze Loch der Pension" verfasst. Einige Zeilen daraus: „Von heute auf morgen zu erfahren, dass man nicht mehr gebraucht wird und wie altes Eisen auf dem Schrottplatz landet, ist alles andere als leicht zu verdauen. Es ist eine massive Bedrohung des eigenen Selbstbildes und der Identität – auch wenn das nur wenige Männer offen zugeben. Solch eine Bedrohung zählt zu den stärksten Stressoren, die ein Mensch überhaupt erleben kann. Was passiert da im Gehirn? Es kommt vielfach zur Aktivierung von Notfallreaktionen, zu einer dauerhaften Erhöhung des synaptischen und parasynaptischen Tonus, die vor allem das

Herz-Kreislauf-System belasten und zu einer chronischen vermehrten Cortisolausschüttung des Immunsystems und zur Destabilisierung weiterer körperlicher Regelprozesse führt".

Praktisch gesprochen gräbt sich der Betreffende immer mehr in das tiefe Loch ein, weil er rundum enttäuscht wird von den Menschen, die ihn nicht herausziehen und ihn befreien, obwohl er ihnen doch in der Zeit seiner vollen Handlungsfähigkeit so viel geholfen hat. Enttäuschung folgt auf Enttäuschung und das Loch wird – sozusagen – immer tiefer.

VIII. Der richtige Zeitpunkt

Wann ist der richtige Zeitpunkt, mit den Vorbereitungen zu beginnen? Die simple Antwort lautet:

JETZT!

In welcher Altersstufe Sie auch immer stehen, die Suche nach den eigenen Potenzialen und die Überlegungen, wie man mit diesem Kapital handeln kann, ist jederzeit möglich und sinnvoll.

Konkret, wenn Sie vor dem Übergang in die Phase der „Freitätigkeit" stehen, gibt es zwei etwas unterschiedliche Strategien:

- 5, 6, oder vielleicht 7 Jahre vorher: hier lohnt sich diese Potenzialsuche auch noch für die Beschäftigung in einem Unternehmen oder einer Organisation, weil Sie mit den neu erkannten Fähigkeiten und Bedürfnissen Ihren Job noch verändern oder gar wechseln können. Und diese „Übung" wird Ihnen helfen, beim eigentlichen Übergang die Chancen Ihrer Zeit der „Freitätigkeit" zu erkennen und zu nützen
- Ein Jahr vor dem Übergang: da ist die Planrichtung schon auf die Zeit hinter der markanten Bruchlinie gerichtet. Sie entdecken Ihre Potenziale und überlegen, wer Sie „auf der ganzen Welt" brauchen könnte. Vielleicht ist es Ihr bisheriges Unternehmen, dem Sie eine spezifische Leistung anbieten können, vielleicht ein anderes, vielleicht eine Organisation mit ehrenamtlicher Mitwirkung oder vielleicht eine geplante Selbständigkeit.

Die vielen möglichen Abnehmer Ihrer zukünftigen Leistung können Sie noch aus der Perspektive der Berufstätigkeit studieren, möglicherweise ausprobieren, vor allem aber die notwendigen Beziehungen herstellen, auf die Sie dann später zurückgreifen können. Solange Sie in Ihrer jetzigen Beschäftigung noch Zugang zu internen Daten haben, können Sie sich ein konkretes Angebot für Ihr Unternehmen für später zurechtlegen. Sie müssen es selbst tun. Kein Personalchef wird sich die Mühe machen, Ihre Potenziale zu suchen und Ihnen ein konkretes Angebot zu machen. Sie müssen es selbst tun. Jetzt.

IX. Loslassen:
wollen, können oder lernen.

Ohne Loslassen geht es nicht. Ja, das sagt sich leichter als es ist. Die jahrzehntelange berufliche Tätigkeit, wo und wie auch immer, ist in uns verwurzelt und gehört zu unserem Leben. Aber Sie haben sicherlich schon den Satz gehört: Wenn Sie etwas Neues beginnen wollen, müssen Sie zuerst das Alte, das Bisherige zurücklassen. Wollen Sie es mitnehmen, wird Ihr Sinn immer wieder dabei sein und zurückblicken, aber Sie werden es nicht halten können. Ein bisschen loslassen gibt es nicht, so wie eine Frau nicht ein bisschen schwanger sein kann. Wunibald Müller hat in seinem sehr empfehlenswerten Buch „Loslassen und weitergehen" ganz deutlich zum Ausdruck gebracht, dass man einen radikalen Abschied, einen radikalen Schnitt dabei braucht.

Leicht ist das nicht, weil man ja mit dem, was man zurücklässt, verwurzelt ist. Ich habe das selbst auch erlebt, wie ich meine Firma meinen Söhnen nach einem mehrjährigen Entwicklungs-Prozess übergeben habe. Ich bekam ursprünglich von ihnen die klare Antwort, dass sie an dieser Aufgabe nicht interessiert seien. Sie bedankten sich sehr für die gute Ausbildung, die sie erhalten hatten und für die Chancen, auch im Ausland zu lernen. Aber jetzt hätten sie viel interessantere Jobs als den, den ich anbieten konnte. Vier Jahre lang habe ich dies zugelassen und den Prozess, den sie gestartet haben, mitgemacht, aber nicht geleitet. Dafür aber zwei weitere Alternativen entwickelt, was mit dem Unternehmen geschehen könnte. Es gelang mir, zuzulassen, in diesen Jahren nie die

Frage zu stellen, ob sich in ihrer Einstellung etwas geändert hätte. Und dann löste sich dies so einfach, wie wenn einige Stück Kuchen am Tisch liegen und jeder sich eines nimmt. Das war dann die Entscheidung. Für mich war klar – das wusste ich aus unzähligen nicht gelungenen Übergaben vieler Firmen – dass damit für mich plötzlich das Loslassen angesagt ist und ich in dem Unternehmen nichts mehr zu sagen habe. Das war der Moment, wo mir klar war, dass ich eine Alternative brauche, eine neue Vision, die meine ganze Kraft erfordert: die Gründung der Plattform Seniors4success. Ich hoffe, auch in den Augen meiner Söhne losgelassen zu haben.

Was bleibt von uns? Cicero hat 44 v. Chr. sein berühmtes Büchlein „De senectute – Über das Alter" geschrieben. Darin unterhält sich der 84jährige Cato mit Scipio Africanus und Laelius darüber, ob das Alter zu beklagen sei. „Niemand wird mich je davon überzeugen können, dass … so viele Männer so Großes versuchten, was das Andenken der Nachwelt betraf, wenn sie nicht sahen, dass es eine Beziehung der Nachwelt zu ihnen geben konnte. Oder glaubst du etwa – damit ich mich nach Art der alten Menschen selbst rühme – , ich hätte solche Mühen bei Tag und Nacht, im Frieden und im Krieg auf mich genommen, wären meinem Ruhm dieselben Grenzen wie meinem Leben bestimmt? Wäre es da nicht viel besser gewesen, die Lebenszeit in Muße und Ruhe ohne irgendeine Mühe und Anstrengung zu verbringen? Aber auf irgendeine Weise schwang sich meine Seele auf und blickte immer so auf die Nachwelt voraus, als wäre es ihr bestimmt, erst dann zu leben, wenn sie aus dem Leben geschieden wäre."

Der Dialog, der zu Ciceros besten Werken zählt, bietet noch heute eine bedenkenswerte Orientierungshilfe bei der Suche nach einem sinnerfüllten Leben.

X. Design Your Life – Entwirf ein Bild deiner Zukunft

Zwei Silicon Valley Veteranen – Bill Burnett und Dave Evans – waren vor ihrer Zeit in Stanford bei Apple und Google und hatten dabei viel aus der Produktentwicklung (Product Design) in ihre Arbeit eingebracht. An der Stanford University haben sie dann einen Kurs mit dem Titel „Designing Your Life" für Studenten und Erwachsene entwickelt. Ausgangspunkt ist die Fragestellung „What do I do with the rest of my one wild and wonderful life?" – Was tue ich mit dem Rest meines einzigartigen und wunderbaren Lebens?

Zentrale Idee dieses Konzeptes ist Prototyping, angelehnt an die Erfahrungen, wie Produktentwickler arbeiten: das, was mir vorschwebt, einmal auszuprobieren, jemanden, der dasselbe macht, zu interviewen, ja mit ihr oder ihm zusammenzuarbeiten. Wenn es irgendwie passt, einen Schritt weiter gehen. Wenn es nicht passt, weitergehen und etwas anderes ausprobieren. Probieren, überdenken, verfeinern.

Ein großer Irrtum ist der, dass Menschen auf der Suche nach ihrem Thema, ihrer Vision und Herausforderung glauben, dass es nur eine einzige Lösung oder optimale Version für ihr Leben gebe und dementsprechend jede

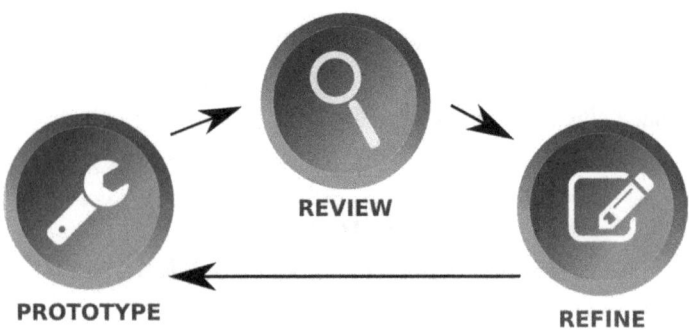

PROTOTYPE

REVIEW

REFINE

andere der falsche Weg wäre. Und das ist komplett absurd, denn es gibt eine große Zahl von richtigen Antworten und Lösungen, sagen die beiden Autoren.

So kann bereits frühzeitig getestet werden, ob die Idee verstanden wird, ob sie gebraucht wird und wo gegebenenfalls Schwachstellen liegen, ohne die Entscheidung bereits endgültig getroffen zu haben.

 Quelle:https://www.smashingmagazine.com/2010/06/design-better-faster-with-rapid-prototyping/

X. Wird es für mich persönlich schwierig sein, mich auf diese Zeit vorzubereiten?

Machen Sie sich mit uns auf den Weg. Machen Sie sich keine Sorgen. Sie haben die Berufstätigkeit beendet – oder werden es in Kürze tun.

Ich habe in diesem Buch verschiedene Schritte, die Sie gehen können, aneinandergereiht. Diese Bausteine Ihrer Entwicklung sind – wie schon gesagt – das Ergebnis vieler Seminare und Workshops. Auf langjähriger Erfahrung beruhend und nicht rasch aus dem Finger gesaugt. Aber das ist im Moment für Sie nicht wichtig.

Eine wichtige **Empfehlung** möchte ich Ihnen an dieser Stelle des Weges mitgeben:

Vielleicht wird Ihnen bald nach dem Beginn Ihrer Mitarbeit ein Gedanke, eine Idee einschießen, was Sie tun könnten, was Ihre zukünftige Herausforderung sein könnte. Schließen Sie in diesem Moment nicht sofort das Buch und beenden so Ihre Mitarbeit, sondern fahren Sie weiter in den einzelnen Schritten, denn höchstwahrscheinlich tauchen weitere Ideen auf, die noch stärker Ihren Potenzialen gerecht werden. Erst am Ende des Buches werden Sie die Ideen so hinterfragt und geprüft haben, dass es wirklich für Sie passt.

In den nachfolgenden Spannenden Lebensgeschichten könnten Sie sich in dem einen oder anderen Fall vielleicht wieder finden, in der einen oder anderen Weise. Vielleicht kommt Ihnen dabei aber auch eine neue Idee.

TEIL 2: SPANNENDE LEBENSGESCHICHTEN

Was Sie bisher gelesen haben, kann man Theorie nennen, auch wenn ich versucht habe, praxisgerecht zu schreiben. Aber gegen Geschichten, die das Leben schreibt, kann man keinen Einwand vorbringen, es sei denn, sie als spannend oder fad, für beispielgebend oder nichtssagend, für ermutigend oder einschläfernd, für anregend oder für nichtssagend zu empfinden.

Da Journalisten immer wieder an uns die Frage richten, ob wir jemanden kennen, der – und jetzt kommen die Präzisierungen – z. B. weiblich, Akademikerin, gezwungen zu arbeiten, am Land lebend usw. bereit wäre für ein Interview. Das war eigentlich der Anstoß für die Plattform Seniors-4success, von den Beziehern des Newsletters „Spannende Lebensgeschichten" zu erbitten. Dieser Bitte kamen ungefähr 85 Personen nach und haben beschrieben, wie für sie der Übergang in die Zeit der „Freitätigkeit" nach ihrer beruflichen Tätigkeit gelaufen ist.

Aus dieser Sammlung habe ich 11 Lebensläufe ausgewählt, die sehr differenziert, aber immer sehr persönlich ihren Rückblick und ihren Blick in die Zukunft beschrieben haben. Vielleicht ist dabei eine Geschichte, die Sie anspricht und die Ihnen eine Anregung für Ihr Leben sein kann. Auch wenn Sie darin keine persönliche Anregung finden: spannend sind sie alle.

CHRISTIAN B.

Geburtsjahr: 1961
Art der letzten Tätigkeit: Personal-chef einer Regional-Bank; AUT
in Pension seit: Ende 2016

Ich habe 30 Jahre lang bei einer grundsoliden, gemeinwohl-orientierten Regionalbank gearbeitet. Viele Kollegen und Freunde fragten mich, warum ich diesen attraktiven und gut dotierten Job nun mit 55 und 10 Jahre vor der Pension aufgebe. Ich habe bereits seit langem geplant, dass ich mich noch einmal verändern möchte. André Heller hat einmal in einem Interview über seine Aktivitäten in Marokko gesagt: „Ich schulde mir noch einen ganz großen Aufbruch". Mein Aufbruch ist nicht ganz so groß, aber ich mache meine Leidenschaften Reisen, Fotografie und Architektur zu meinem Beruf.
Ich bin nun seit 1.1.2017 zu 100% freischaffender Architektur-fotograf.
Eine meiner Hauptüberlegungen war, dass die „normale" Karriere nun darin bestünde, bis 65 voll durchzuziehen, mit Überstunden, Termindruck, den beinahe täglich neuen Anfor-derungen. Von 120% Einsatz auf 0 zurückzufallen und das Leben dann zu „genießen" und sich die lange aufgesparten Wünsche zu erfüllen. Ich habe als Personalchef viele Schicksale von Kolleginnen und Kollegen mitverfolgt, denen das so nicht mehr gelungen ist.
Die Alternative hat mir besser gefallen: ein selbstbestimm-ter Job, niemandem verantwortlich sein, die ausschließliche Beschäftigung mit Themen, die mich interessieren, meiner

kreativen/künstlerischen Seite freien Lauf zu lassen. Ich kann mir Zeit nehmen für ein Projekt, ich kann mich auf ein Objekt konzentrieren. Ich mache im neuen Job das, was ich früher im Urlaub gemacht habe. Ich bin technologischen Neuerungen gegenüber aufgeschlossen und denke, dass ich diesen Beruf bis 75 oder 80 ausüben kann.

Die Beschäftigung mit neuen, komplett anderen Inhalten tut meiner geistigen Frische gut. Ich bin auch in der glücklichen Lage, dass ich mit Margherita Spiluttini, der Grande Dame der österreichischen Architekturfotografie, regelmäßig meine Projekte durchbesprechen und von ihrem reichen Erfahrungsschatz profitieren kann.

Natürlich gehe ich mit meinem Jobwechsel ein finanzielles Risiko ein. Ich hoffe, dass ich mit der Fotografie die Hälfte meines bisherigen Einkommens erzielen kann. Wenn ich wirklich mit dem Herz bei der Sache bin, werde ich meinen Klienten (hauptsächlich Architekten) auch ein überdurchschnittliches Ergebnis abliefern können.

Mein Vorstand in der Bank hat Verständnis gezeigt, mich beim Berufswechsel unterstützt und mir mit einer Sabbatical-Lösung (100% arbeiten bei Teilzeit-Gehalt, dafür danach Zeitausgleichsphase) eine Übergangszeit ermöglicht, die meine Unternehmensgründung erleichtert.

Ich tausche also Einkommen gegen Lebensqualität und Selbstbestimmtheit.

Meine Empfehlung: Eine Arbeit, die einen wirklich, wirklich interessiert, fühlt sich nicht als Arbeit an.

PETER B.

Geburtsjahr: 1947
Art der letzten Tätigkeit:
CEO und Chairman einer Internationalen Agenturgruppe; AUT
in Pension seit: 2016

Ist das alles, war das alles, was wird sein und vor allem: Was will ich selbst? Mit 52 Jahren bekamen diese Fragen allmählich mehr Bedeutung. In den folgenden Jahren begann ich mich mit ihnen zu beschäftigen und versuchte sie für mich selbst zu beantworten. Ich kam schließlich zu dem Entschluss: „Bis zum 4. Abschnitt, dem Greisenalter, ist noch ein wenig Zeit!".
Nach 25 Jahren in der Branche Corporate Business und Werbung in 7 Ländern, half ich so mehr als 500 nachhaltige Jobs zu schaffen. Für eine bessere Zukunft, eine bessere Wirtschaft und für ein besseres Leben der Arbeitnehmer. Das Unternehmen wurde letztlich verkauft und für mich war der Zeitpunkt gekommen den Übergang in die Pension anzutreten. Es war nicht überraschend, jedoch ging alles sehr viel schneller als gedacht. So nach dem Motto: Life happens while you make other plans. (John Lennon)
Mein Ausstieg war mental und finanziell gut verkraftbar und von gegenseitigem Respekt geprägt.
Was fange ich nun mit meiner freien Zeit an? Ich hatte nicht lange Zeit mir darüber den Kopf zu zerbrechen. Am Montag läutet das Telefon, meine alte Firma wollte mich als Berater für ein Projekt. Ich hatte Glück, dieses Unternehmen ist keines von denen, die auf Expertisen aus Altersgründen verzichtet. Mein Wissen und meine Erfahrung wurden noch einmal genutzt. Aber da ist Platz für mehr!

Ich war aktiv, gesund, wach und hatte 25 Jahre Erfahrung in Internationaler Werbung. Schon früh wusste ich, dass ein qualitativ exzellentes Produkt für den Konsumenten, ein interessantes Vorhaben wäre. So plante ich mein selbst gewähltes Projekt und wurde aus eigener Kraft über die Jahre zum Winzer, Weinhändler und zum einzigen Experten für Prosecco Superiore DOCG in Österreich. Ich wollte mein Wissen weitergeben, schrieb das einzige Fachbuch über den qualitativen Prosecco, das es weltweit gibt (Prosecco Superiore, das perlende Gold des Veneto). Darüber hinaus gebe ich mein Wissen an die Schüler von Tourismus- und Weinbauschulen und in der Hotellerie und Gastronomie weiter.

Was empfehle ich nun anderen? Uns Senioren geht es nicht mehr nur um's Geld. Für viele ist „Pension" das lange erwartete Glück, für viele jedoch mit Angst und Schrecken besetzt. Das Wort „Pensionsschock" bekommt eine erschreckende Bedeutung, die man jedoch mit guter Vorbereitung und der Freude an selbstgewählter Arbeit abfangen kann.

Ich selbst habe mich gewissenhaft damit auseinandergesetzt: Was war mein alter Beruf – Was ist meine neue Berufung? Was macht mich glücklich, hält mich aktiv und zufrieden? Was muss ich vorbereiten, damit ich keine finanziellen Einbußen habe? Was muss ich tun, damit mich das berufliche Ende nicht wie ein Schlag trifft. Was könnten Andere, Jüngere von mir brauchen oder lernen? Wie können Sie von meinem Wissen profitieren?

Ich hatte zuerst viel Respekt vor dem Unbekannten, nach meinem aktiven Tun erlebte ich aber sehr viel Freude und Glück. Ich hatte Neugier auf Kommendes und Erwartungen auf das unbekannte Neue. Der Erfolg gibt mir Recht!

Meine Devise ist: Glück ist nicht das Ziel, sondern der Weg!

HELMUT B.

Geburtsjahr: 1951
Letzte Tätigkeit: Nationaler Verkaufsleiter für technische Produkte (B2B), DE
in Pension seit: 2011

Mit 55 Jahren blickte ich auf 22 Jahre Erfahrung in unterschiedlichen leitenden Funktionen zurück. Meinen Vertriebsbereich hatte ich gut im Griff, mit meinen Kollegen ein freundschaftliches und vertrauensvolles Verhältnis. Ich erzielte Umsätze weit über den Werten meiner Kollegen – das machte mich schon ein wenig stolz.

Mit den Jahren zeichneten sich durch die Erwartungshaltung des Unternehmens immer mehr negative Signale ab. Deshalb schloss ich mit 55 Jahren eine Altersteilzeitvereinbarung ab, bevor ich stressbedingt Krankheiten zum Opfer falle. Zunächst änderte sich noch gar nichts, gedanklich war der Ruhestand noch in weiter Ferne. Einige großartige Erfolge konnte ich in meiner beruflichen Laufbahn verbuchen.

Das letzte Jahr verging rasend schnell und plötzlich bestimmten die Fragen über meine weitere Zukunft meine Gedanken. Ich hatte Bedenken, meine freie Zeit nicht füllen zu können und fragte mich, ob das schon alles gewesen sei.

Ich begann mich gezielt über das Thema Übergang zu informieren und habe einen Aktivitätenplan erstellt. Ich teilte Bereiche wie Privatleben, Ehrenamtliche Tätigkeiten, Erfahrung und Wissen aus dem Berufsleben und körperliche Fitness ein und machte mir Gedanken darüber. Nach diesen

Gesichtspunkten fragte ich mich: was muss getan werden, was habe ich schon, was möchte ich gerne daraus machen, welche Ergebnisse gibt es, was kann ich erreichen.

Der Abschied war nun gekommen. Die offizielle Verabschiedung durch meinen Chef fiel aus, auch von der Geschäftsleitung kam keine Reaktion. Einzig allein die Mitarbeiter und Kollegen rührten mich mit ihren zahllosen Emails und Abschiedsbriefen. Dieser Abschied war für mich sehr demotivierend, letztendlich fiel es mir jedoch dadurch leichter, Abstand zu meiner Firma zu bekommen. Bis heute habe ich das Firmengelände nur noch ein einziges Mal betreten.

Der Übergang war ein Schock für mich. Der nächste folgte zugleich mit der Ruhe, die sich einstellte. Es klingelte kein Handy, es kam keine Email – es kam nichts. Nach dem Motto „Jetzt erst Recht" nahm ich meinen Aktivitätenplan zur Hand und machte mich daran, diesen umzusetzen. Was ich so leicht aufs Papier gebracht hatte, war in der Praxis ein sehr mühseliger Weg. Ein zeitaufwendiger Prozess des Suchen und Findens, von Versuch und Irrtum begann.

Ursprünglich hatte ich vor, noch einmal als freiberuflicher Berater durchzustarten. Ich musste dann aber feststellen, dass das Potential für die von mir gewählte Nische (Übergangsberatung auf dem Weg in den Ruhestand) mehr als eingeschränkt war. „Meiner" früheren Branche bin ich als Fachjournalist auch noch verbunden. Bei den Wirtschaftssenioren in Hamburg fand ich meine Position: Beratung von Existenzgründern und Kleinstunternehmern gegen eine geringe Aufwandsentschädigung. Seit sechs Jahren erfahre ich so, welch ungeheure Befriedigung in selbstständiger Arbeit liegt. Seit einigen Jahren bin ich auch noch im Vorstand des Vereins engagiert. Heute läuft das von der zeitlichen Belastung locker auf einen Halbtagsjob hinaus.

Meine Empfehlungen:

Sich rechtzeitig vor Ende des aktiven Berufslebens mit Sinn stiftenden Möglichkeiten auseinandersetzen. Aus meiner Sicht bewährt sich folgende Aufteilung:

- Lockeren Kontakt zur früheren Branche halten: Z. B. als Fachjournalist oder als Beirat; wenn finanziell möglich auch als Business Angel oder ganz einfach als temporäre Aushilfe. Es tut gut, gebraucht zu werden.
- Ehrenamtliche Betätigung, die zu einem passt. Einfach viel ausprobieren.
- Sportliche Betätigung, welche zu einem passt. Nicht müssen, sondern wollen! Ich mache seit 6 Jahren regelmäßig mehrtägige Fahrradtouren – während meiner Berufszeit war ich häufig geschäftlich unterwegs.

DIETER F.

Geburtsjahr: 1945
**Art und Land der letzten
Tätigkeit:** Senior Advisor Accounting
and Internal Control, CH
in Pension seit: 2007

Meine berufliche Tätigkeit als Mitarbeiter in einem Pharmaunternehmen brachte viele Reisen in Europa, nach Afrika, in den Nahen Osten, nach Russland und Kazakhstan mit sich. Meine Arbeit und das Coaching des Personals in den verschiedenen Ländern machte mir großen Spaß und brachte auch viel positives Feedback. Die Bedingungen des Reisens und die von der Firma geplanten Restrukturierungs-schritte verschlechterten die Situation und ich konnte dies zum Schluss nicht mehr unbedingt unterstützen.

Obwohl meine Firma noch versuchte, mich für eine zusätzliche Zeit zu gewinnen, war meine Zeit im Alter von 62 Jahren gekommen. Ich wollte mit einem positiven Eindruck meiner mehr als 30 Jahre andauernden Tätigkeit in die Pension gehen. In meinem Bekannten- und Freundeskreis wurde nach meiner doch großen Abwesenheit durch die vielen Reisen die Pensionierung als positiv angesehen, wussten sie doch aus Berichten, was das Leben auf Flughäfen und in Hotels bedeutete.

Der Abschied verlief zwar positiv, jedoch folgte mit Übertritt in die Pension mit der von der Firma zugesagten Zusatzpension ein Problem. Die Pensionskasse verlor einen Teil des veranlagten Geldes. So entwickelte sich ein Arbeitskonflikt, der schließlich vor dem Arbeitsgericht gewonnen werden konnte. Das dabei erworbene Wissen über Pensionsbelange habe ich auch positiv für zahlreiche andere ehemalige Arbeits-kollegen nützen können.

Schon in den 1980er Jahren führte ich als Obmann den hiesigen Fußballclub. Nach Pensionsantritt konnte ich mich als Berater deren Finanzbelangen widmen, verfasste ein Excel-basiertes Finanzkontrollsystem und eine umfassende Sammlung der Geschichte des Clubs. Ich habe es gerne, wenn ich jemandem mit meinem Wissen und meiner Erfahrung zur Seite stehen kann. Mein Sohn hat mich besonders in der Anfangsphase seiner Berufskarriere öfters um meinen Rat gebeten.

Was würde ich anderen raten? Suchen Sie sich nach Möglichkeit schon frühzeitig motivierende Aufgaben für ihre kommende freie Zeit, vielleicht solche, die im Berufsalltag aus Zeitgründen nicht möglich waren. Finden Sie einen Weg, den Abschluss des Berufslebens positiv zu gestalten, um auf die verschiedenen Ereignisse positiv zurückblicken zu können.

Helfen Sie mit ihren Fähigkeiten anderen, die auf dem Gebiet nicht ganz so kompetent sind. Wach sein, Interessantes beobachten und Neues erlernen hält Sie gesund. Bewahren Sie sich einen Bekannten- und Freundeskreis. Mir selbst ist auch der Kontakt zu ehemaligen Kollegen sehr wichtig. Verlieren Sie nicht den Kontakt zur Jugend. Es hält selbst jung.

BERNHARD F.

Geburtsjahr: 1954
Art der letzten Tätigkeit: Manager
in einer europäischen Behörde; NL
in Pension seit: 2014

29 Jahre arbeitete ich bei einer europäischen Behörde in den Niederlanden im technischen Management. Die Arbeit in der internationalen Forschung erfüllte mich mit Freude und Genugtuung. Mein Vertrag war mit 60 Jahren begrenzt und ich wurde in Pension geschickt. Leider war es ein totaler Ausstieg, von 150% in einer leitenden Position auf plötzlich 0%. Meine Frau und ich hatten immer schon vor, in der Pension nach Österreich zurückzukehren, was wir auch machten (nach 29 Jahren in Holland). Dadurch kam zum Verlust der Kontakte in der Arbeit (ich leitete eine Abteilung mit jüngeren, motivierten Mitarbeitern aus verschiedenen Ländern) auch der Verlust des sozialen Umfeldes (Nachbarn, Golf- und Tennisfreunde) hinzu. Durch den dadurch verstärkten Pensionsschock bin ich in einer Depression gelandet, die eine langwierige psychische Behandlung nötig machte. Jetzt, 3 Jahre nach der Pensionierung, bin ich endlich auf dem Weg in ein ausgeglichenes und zufriedenstellendes Pensionistenleben.

Was war schiefgegangen, was hätte ich anders machen sollen? Ich hatte mich ja all die Jahre auf die Pension gefreut: den ganzen Tag auf dem Tennisplatz, Bergsteigen, Schitouren. Obwohl ich gewarnt wurde, war ich überzeugt, dass mir niemals langweilig werden würde! Nun, ich hatte einfach nicht bedacht, dass mit dem älter werden unweigerlich körperliche Beeinträchtigungen einhergehen und viele der erträumten Sportarten nicht mehr möglich sein werden.

Meine Empfehlungen:

Es rächte sich nun, dass ich nicht rechtzeitig, d. h. einige Jahre vor der Pensionierung, Hobbies und Tätigkeiten gesucht hatte, die nichts mit Sport zu tun haben und die man auch im Alter ausüben kann, mit körperlichen Gebrechen. Dazu hatte ich mir nie Zeit genommen, weil ich ja bis zum Schluss den Job perfekt machen und meine Abteilung im „Bestzustand" übergeben wollte. Genauso wichtig wäre es gewesen, rechtzeitig ein soziales Netzwerk aufzubauen und zu pflegen, das auch ohne die Freunde und Kollegen aus dem Job funktioniert.

FRANZ G.

Geburtsjahr: 1950
Art der letzten Tätigkeit: Freier
Handelsvertreter, Vermögensberater, DE
in Pension seit: 2011

Mein Plan war, bis 65 zu arbeiten, jedoch ab 60 nur mehr mit halber Kraft. Als freiberuflicher, selbstständiger Vermögensberater wollte ich die letzten 5 Jahre vor meiner Pension überwiegend nur mehr meine bestehenden Kunden betreuen. Ich konnte mich immer weniger mit der Branche identifizieren, fragwürdige und undurchschaubare Produkte machten die Sache auch nicht leichter. Die Arbeit wurde komplizierter und chaotischer und endete schließlich nach genau 40 Jahren Mitarbeit in einer Kündigung.

Nach anfänglicher enttäuschter Phase, weil ich glaubte, man kündigt den Dienstältesten, freien Finanzmitarbeiter nicht, habe ich mich mit Hilfe eines Freundes damit abgefunden. Ich schaute positiv in die Zukunft und freute mich auf die freie Zeit, die vor mir lag. Damals glaubte ich, dass ich beruflich noch irgendwie weiter arbeiten gehen müsse.

Bei aller Freude, nicht mehr arbeiten zu „müssen", bekam ich Stimmungsschwankungen. „Unglaublich, freute ich mich doch ein ganzes Leben lang auf diesen Tag!" Ich nahm schließlich die Hilfe einer Therapeutin in Anspruch. Bildlich stellte ich mir vor, über eine Brücke in das letzte Lebensdrittel zu gehen. Ich verabschiedete mich von meiner 47-jährigen, stressigen, voll ausgefüllten beruflichen Zeit und war aufgeschlossen für das kommende Neue. Zu diesem Zeitpunkt noch nicht wissend, was das sein wird.

In diesem halben Jahr in Therapie wurde mir bewusst, wie sehr ich Körper und Geist in meinem Arbeitsleben überhört und übergangen habe, obwohl die Erschöpfung schon da war. Das rief mir mein Körper nun schmerzhaft und psychosomatisch in Erinnerung.

Bei aller Freude auf die freie Zeit weiß ich jetzt, dass es doch ein großer „Umstellungsprozess" ist, vom Vollgas im Berufsleben auf Normalgeschwindigkeit im Rentnerleben zu gelangen.

Die Vorbereitung auf die Pension fiel mir erst schwer, denn wer weiß schon vorher, wie man sich wirklich fühlt, wenn es soweit ist. Ich selbst habe mitbekommen, wie so mancher erst in ein „schwarzes Loch" fällt. Bei mir hat es ein gutes Jahr gedauert, bis Körper und Geist wieder in Einklang waren. Es tat gut, dass ich mich sehr schnell an eine Therapeutin gewandt habe. Ich lernte meine Arbeit loszulassen, um Zeit zum Nachdenken zu haben. Erst dann konnte ich mich auf das Neuland konzentrieren und was es für mich bereit hält.

Meine Empfehlung:

Es geht um das Ausloten/Herausfinden, wie man das letzte Lebensdrittel angehen und leben möchte. Empfehle, sich unbedingt rechtzeitig und ausreichend Informationen über diesen „Umstellungsprozess" zu beschaffen: durch Bücher, Volkshochschul-Vorträge, Fernsehen und Seminare, um so schnell wie möglich auf die Spur eines „gesunden" glücklichen Rentner/Pensionärlebens zu gelangen. Jeder Tag ist kostbar, endlich das tun, was man schon immer tun wollte…

SILVIA K.

Geburtsjahr: 1952
Art und Land der letzten
Tätigkeit: medizinisches Management,
AUT
in Pension seit: 2012

Um dem Job nach wie vor zu entsprechen, musste ich in den letzten 2, 3 Jahren vor dem Übergang verstärkten Einsatz aufbringen. Im Büro wurde es durch personellen Zuwachs lauter und voller. Für private Aktivitäten blieb immer weniger Kraft und Zeit. Ich lechzte also nach einem „Leben danach".

In meinem letzten Berufsjahr war es nicht selten unerträglich stressig. Die laufenden Arbeiten mussten erledigt werden, und meine Nachfolgerin war einzuschulen. Doch das Bewusstsein, nun alles zum letzten Mal zu machen, verhalf mir ruhig zu bleiben.

Obwohl ich dem Pensionsantritt entgegenfieberte, spürte ich auch eine gewisse Nervosität, ob es wohl genauso sein würde, wie erhofft. Größenteils kam es dann besser als erwartet. In wenigen Punkten jedoch, besonders bei der Zeiteinteilung, musste ich erst lernen. Sich in der Gemütlichkeit eines Frühstücks nicht zu verzetteln, war eine von vielen Herausforderungen. Auch fehlte mir anfangs Rückbestätigung, Austausch und das Lachen mit Kollegen und Kunden. Es besserte sich, als ich begann dem Tag neue Strukturen zu geben.

Aus meiner Erfahrung ist eine präzise Vorbereitung des ersten Ruhestandsjahres die beste Garantie für gutes Gelingen.

Meine Pensionierung und mein 60. Geburtstag fielen in dasselbe Jahr. Also erklärte ich dieses Jahr zu meinem „Feierjahr" was auch ein einjähriges Aus für ehrenamtliche Tätigkeiten inkludierte. 12 Monate plante ich genussvoll so durch, dass niemand die Möglichkeit hatte, mich für sich einzuteilen und zu besetzen.

Ich genieße meine Pension nach wie vor in höchstem Maße, vor allem: Kein Stress. Nie wieder Multitasking. Sogar Zeit für andere. Das Vorrecht, nun für Familie und Freunde da zu sein, lebe ich bewusst aus. Ich erfreue mich an alten und neuen Hobbys, achte auf meine Gesundheit, gönne mir Pausen und lerne zunehmend Nein zu sagen.

Die Aussage mancher, ob mich schon die Pensionisten-Krankheit „Keine-Zeit" erwischt hätte, wenn ich nicht sofort ein Treffen anbieten kann, finde ich unpassend. Niemand hat immer für alles Zeit, da sind Pensionisten keine Ausnahme.

Last, but not least, bin ich seit über 20 Jahren nebenberuflich schriftstellerisch tätig, musste jedoch das Schreiben oft unfreiwillig vernachlässigen. Nun fließt es wieder und es gibt erfreuliche Aufträge.

Für mich ist die Pension einer der schönsten Abschnitte meines Lebens und bei Erhalt meiner Gesundheit wird sich daran nichts ändern. Ich habe noch viel vor!

Meine Empfehlung:

Planen Sie stationsweise Monat für Monat. Freuen Sie sich auf Veränderung und Neues. Die Pension ist, wie alles im Leben ein Prozess, in dem Sie erst durch Erfahrung zum Meister werden!

RUDOLF K.

Geburtsjahr: 1943
Art der letzten Tätigkeit: Geschäftsführer einer Schweizer Kosmetikfirma;
DE, AUT
in Pension seit: 2002

Die ORF-Sendung „Kreuz & Quer" mit dem Titel Entschleu-
nigung hat mich begeistert, weil dokumentiert wurde, dass
ältere Menschen noch sehr leistungsfähig sind.
Das begeistert mich deshalb, weil ich mit über 74 Jahren noch
beruflich sehr aktiv bin. Ich arbeite als Handelsvertreter im
Außendienst und betreue Apotheken und Reformhäuser,
fahre 50.000 Kilometer in Österreich pro Jahr vom Boden-
bis zum Neusiedlersee. Ich könnte mir ein Leben ohne Arbeit
nicht vorstellen. Ich habe mich erst im Alter von 67 Jahren
selbstständig gemacht.
Kurz mein Lebenslauf: Ich war als Techniker im Außendienst
bei Olivetti tätig und reparierte elektrische Schreib-, Rechen-
und Buchungsmaschinen, wechselte in den Verkauf, wurde
Verkaufsleiter, Verkaufstrainer und Direktionsverkäufer. Nach
der Auflösung von Olivetti wurde ich abgeworben zur Firma
Siemens Data und als Vertriebsleiter Österreich für Text und
Archivsysteme.
Nach Auflösung der Firma wechselte ich zu DEC Digital
Equipment Corporation. Auch dieses Unternehmen verschwand
mit 1000 Mitarbeitern vom Markt. Ich wechselte als Verkaufs-
direktor Österreich für Kopiersysteme zu Agfa. Auch dieses
Unternehmen gibt es heute nicht mehr. Ich fand eine interessante
Herausforderung bei Hali Büromöbel als Verkaufsdirektor. Auch

Hali wurde liquidiert. Ich wurde von Kodak abgeworben und war Verkaufsdirektor für Druckmaschinen für Österreich. Auch Kodak wurde aufgelöst und ich mittlerweile 52 Jahre alt.

Ich wechselte zu einem Schweizer Unternehmen der Kosmetikbranche als Österreich-Geschäftsführer. Ich baute die Firma von 0 an auf und machte sie zu einer der erfolgreichsten Firmen in der Kosmetikbranche.

Nach 10 Jahren Geschäftsführertätigkeit und 48 Jahren Berufstätigkeit wollte ich mich zur Ruhe setzen. So bat man mich, zur Suche und Einarbeitung des Nachfolgers noch zu bleiben, was noch einmal 1,5 Jahre dauerte. Kaum war ich in Pension, wurde ich von Firmen angesprochen, ob ich für sie tätig sein könnte. Also machte ich mich selbständig als Handelsfirma.

Mir macht die Arbeit Spaß, sie ist für mich Herausforderung, da ich mit meiner Frau alles selbst mache: Offerte, Abrechnungen, Kundenbesuche, Telefonkontakte, Computertätigkeiten. Die Kundenkontakte machen mir große Freude und ich schätze die sozialen Kontakte. Wichtig war für mich immer: ein Stehaufmanderl zu sein und mich immer neuen Herausforderungen zu stellen. Wichtig ist mir auch das lebenslange Lernen. Ich wäre total unglücklich, beruflich nicht gebraucht zu werden.

Ich bin dem Schicksal sehr dankbar für mein Leben, für die Gesundheit und für die innere Freude und Zufriedenheit. Ich blicke positiv auf mein privates und berufliches bisheriges Leben und ich wünsche mir weiterhin Agilität, damit mir das positive Denken und mein Elan noch viele Jahre erhalten bleiben und mich begleiten mögen.

Meine Empfehlung: Lebenslanges Lernen als Investition in die eigene Person zu sehen. An sich zu glauben und die eigenen Stärken auszubauen. Auch im Glauben innere Ruhe zu finden.

SUSANNE L.

Geburtsjahr: 1949
Art der letzten Tätigkeit:
AHS-Prof., AUT
in Pension seit: 2011

„Du arbeitest noch immer?", „Jetzt hör bald auf zu arbeiten, damit wir mehr Zeit miteinander verbringen können."

In meinem Freundeskreis war ich die Letzte, die in Pension ging, und auch mein Mann war schon im Ruhestand. Ich habe mehrere Jahre über meine Pension nachgedacht und mich gefragt, wann der günstigste Zeitpunkt wäre, ohne große finanzielle Einbußen gehen zu können. Nachdem ich mir meine Pensionshöhe ausrechnen ließ, hatte lassen, stand mein Entschluss fest, als Beamtin (AHS Prof.) mit 62 in die „Korridorpension" zu gehen. Dies erwies sich als das Richtige, weil ich nach einem Direktionswechsel eine Verschlechterung des Arbeitsklimas empfand. Bei meinem Abschied war ich schon etwas melancholisch. Habe ich die Arbeit doch mein Leben lang gerne gemacht.

Durch Zufall ergab sich, dass ich nach dem Übergang eine frühere Schülerin und später auch ihre Tochter mit meinem Wissen unterstützen konnte. Ich finde es äußerst wichtig, am Leben anderer teilzunehmen und die Kontakte zu pflegen. Ich genieße es, mit meiner Kompetenz gefragt zu sein und gebraucht zu werden. Es ist mir aber auch bewusst, dass sich diese Situation ändern könnte. Nach meinen bisherigen Erfahrungen glaube ich aber, dass sich immer wieder etwas Neues ergeben wird.

Was ich mir wünschen würde: Gerade für Lehrer wäre doch ein Modell gut, bei dem ältere Mitarbeiter weniger Stunden in der Klasse stehen und in der übrigen Zeit junge Kollegen beim Einstieg mit Tipps unterstützen.

Meine Empfehlung:

Letzten Endes erlebt wohl jeder Mensch diesen Schritt anders, sodass es für mich schwer ist, Ratschläge zu erteilen. Bereiten Sie sich gedanklich schon früh darauf vor. Mir persönlich hat die berühmte + und – Liste geholfen. Hören Sie auf Ihren Körper, man bürdet sich manchmal aus lauter Angst, alleine zu sein, zu viel auf und übernimmt sich. Auch körperliche Aktivitäten bringen einen Ausgleich.

MANFRED M.

Geburtsjahr: 1944
Art der letzten Tätigkeit:
Interne Organisationsberatung, DE
in Pension seit: 2000

Pubertät mit 60!

Erinnern Sie sich: Pubertät, ein schwieriges Alter! Dabei ging es ja um einen ziemlich gewaltigen Übergang von einer Lebensphase in eine andere, der einen beutelt, weil es nicht so einfach klar zu kriegen ist, wer man ist und was man will. Ähnliche Turbulenzen treten beim Übergang vom Erwerbsleben in die nachberufliche Lebensphase auf. Jedenfalls bei mir war es so.

Vor einigen Jahren habe ich meine regelmäßige Erwerbstätigkeit aufgegeben. Es musste doch ein Leben nach der Arbeit geben! In dem wollte ich mich mit Themen beschäftigen, zu denen ich bisher nicht ausreichend gekommen war. Ich schrieb mich als ordentlicher Student an der Universität Heidelberg ein und studierte Religionswissenschaft. Mein Leben hatte weiterhin Struktur: Ich war in einem Zeitrahmen aufgehoben, konnte mich an den Vorgaben einer Institution orientieren und hatte Gelegenheit, mich vor ihr und vor meinen Kommilitonen zu produzieren.

Nur zweckfrei, ohne spätere Verwertungsabsichten zu studieren, reichte mir irgendwann nicht mehr. Die Studiengebühren zusammen mit den Fahrtkosten standen vielleicht doch in keinem ausgewogenen Verhältnis zu einem weiteren Titel.

Doch jetzt kam es knüppeldick: Was tun? Was will ich wirklich tun: Nicht nur zum Zeitvertreib oder zum Verscheuchen trüber Gedanken. Wer bin ich eigentlich jetzt: Rentner? Ich bin zwar nicht mehr erwerbstätig und bekomme auch eine Rente – aber Rentner? Ich könnte mich doch als Müßiggänger oder Flaneur definieren und einfach das Hier und Jetzt auf mich wirken lassen. Passt nicht zu mir.

Mir fiel ein, dass ich auf einer Informationsveranstaltung zur Vorbereitung auf den Ruhestand den Begriff Volunteer kennen gelernt hatte. Ich besorgte mir Broschüren über das Angebot freiwilliger Tätigkeiten und besuchte die Freiwilligenagenturen. Schließlich schlug man mir in einer Freiwilligenagentur vor, dort mitzuarbeiten. Ich konnte mir das gut vorstellen, schließlich habe ich ja über 10 Jahre Erfahrung in diesem Bereich.

Leider mussten darunter die Damen von der Freiwilligeninitiative leiden, denn nicht selten war ich bei unseren monatlichen Sitzungen mürrisch und schlecht aufgelegt. Ich konnte mich nicht so recht anpassen an den „Charme des bürgerschaftlichen Engagements". Es füllte auch mein Zeitbudget nicht aus, ich fühlte mich nicht so recht gefordert und wirklich nützlich auch nicht. In einem selbstkritischen Moment überlegte ich, dass es eben nicht so einfach sei, selbst zu entscheiden, was man machen will. Ich beschloss, das mache ich mal weiter, da bin ich mit netten Leuten zusammen und ab und zu sind wir ja auch wirklich produktiv und nützlich.

Ich schrieb mir Projekte auf, die ich angehen könnte, begann auch einiges, merkte, dass es nicht das Richtige war und begann etwas Neues. Eine psychologisch bewanderte Freundin meinte, das nenne man agieren. Man flüchtet in wilde Aktivitäten, die nur die innere Unruhe ausdrückten, statt sein inneres Befinden in Ruhe zu reflektieren. Vielleicht kommt Ihnen ja einiges bekannt vor von meiner leicht chaotischen

Ruhestandsbewältigung. Etwa wie es ist, wenn das Geld renten-bedingt knapper wird, wenn man sich mit seinem Lebenspartner arrangieren muss und wenn sich die eigenen Gedanken zu Alter und altern hartnäckig melden und nach Antworten fragen.

Trotz allem Räsonieren, die Zugehörigkeit zum Netzwerk Bürgerengagement hilft dabei, die Unruhe, die Suche, das Fragen zu (er)tragen und bietet Möglichkeiten zur Unterstützung für den eigenen Weg in und durch die nachberufliche Lebensphase. Apropos, wenn Sie es wissen wollen: Ich habe mich inzwischen gefestigt, habe interessante Aufgaben, Umgang mit freundlichen Leuten und ab und zu die Gewissheit, nützlich und nachgefragt zu sein.

Meine Empfehlung:

Sich mit einem Freund/Freundin, einem Coach oder in einer Gruppe besprechen, wie ich meinen Ruhestand gestalten möchte und mich begleiten lassen. Ggfs. nach einigen Jahren erneut eine Austauschgruppe aufsuchen.

SEPP S.

Geburtsjahr: 1957
Art der letzten Tätigkeit:
selbstständig seit 2009, AUT
in Pension seit: noch nicht in Pension

Ich war seit meinem 22. Lebensjahr Geschäftsführer eines Steinbruchs mit ca. 35 Mitarbeitern. Parallel dazu betrieben wir unseren eigenen Bauernhof.

Der Ausstieg war sicher geplant und doch wieder nicht so einfach. Mit 20 Jahren habe ich mir das Ziel gesetzt, nach 30 Jahren als Geschäftsführer noch einmal etwas Neues zu beginnen. Die meisten können es nicht glauben, dass du von Vollgas und einer sicheren Position auf die Unsicherheit einer Ausbildung und den Neuaufbau eines völlig neuen Geschäftsfeldes setzt. Wieso machst du das – du könntest es doch viel einfacher und ruhiger haben? Wieso genießt du nicht einfach das Leben? Bist du nun schon in Pension?? ... Das sind die häufigsten Fragen.

Am schwersten war für mich, dass ich nun alle meine Ideen selber umsetzen musste und kein Team an Mitarbeitern hatte. Hier musste ich viel Geduld lernen. Sehr positiv für mich ist, dass ich mich nun aktiv mit meiner Restlebenszeit beschäftige und in der Ausbildung mit den jungen Menschen erleben zu dürfen, dass du mit großer Disziplin bei Prüfungen auch heute noch mithalten kannst. Es ist für mich wie ein Jungbrunnen. Ich fühle mich dabei wie mit 20.

Was kann ich anderen Leuten empfehlen?

Der Übergang zur Pension muss rechtzeitig vorbereitet werden – zwischen 50 und 60 Jahren. In diesem Abschnitt muss ich mir überlegen, wonach ich die größte „Sehnsucht" im Leben habe? Was möchte ich vertiefen? Darauf die Ausbildung abstimmen und aktiv angehen.

Dieses neu erworbene Wissen oder diese Tätigkeit neu starten und eigentlich bis ans Lebensende – so lange es Spaß macht – ausüben. Ist halt meine Philosophie. Denn nur die Veränderungen machen das Leben spannend und interessant.

TEIL 3: DER WEG
ZU EINEM BEFRIEDIGENDEN
LEBEN NACH DEM BERUF

Methodische Anleitung,
dieses Planungsinstrument zu nützen:

Wollen Sie die Verantwortung für Ihre Entwicklung selbst übernehmen? Viele waren schon in ihrer beruflichen Zeit böse auf ihren Vorgesetzten, weil er/sie sich zu wenig um ihre persönliche Entwicklung gekümmert hat. Wenn Sie anders denken oder denken wollen, entscheiden Sie klar für sich, dass Sie der einzige Mensch sind, der immer und in jeder Lebensphase für sich und seine Entwicklung verantwortlich ist. Wenn es Menschen gibt, die dabei mitdenken, haben Sie Glück. Aber Sie sind selbst am stärksten verantwortlich. Übernehmen Sie die Verantwortung für sich selbst?

Und die zweite Frage an Sie: Sind Sie bereit, in Zukunft an Ihre Stärken (Potenziale) zu denken und zu glauben und nicht an Ihre möglichen Defizite? Viele von uns haben aus der Schulzeit noch die Erfahrung, dass der Lehrer bei der Beurteilung einer Schularbeit nur nach den Fehlern gesucht hat. Wenn es genügend Fehler waren, gab es ein Nichtgenügend. Aber in der Schularbeit ist auch viel Gelungenes gestanden. Aber das zählte dann nicht.

Dieses Programm führt Sie selbsttätig von Schritt zu Schritt. Aber Sie können auch springen: wichtig ist, dass Sie viele Erkenntnisse über sich, Ihre Stärken und Ihre Bedürfnisse notieren.

Anleitung für den Ausdruck der Formulare:

 Wenn Sie im Internet die Adresse sen4.at/ Formulare aufrufen, können Sie sich alle Formulare, die wir für die folgenden 15 Schritte benötigen, herunterladen und bei sich mit Ihrem PC ausdrucken. Dann haben Sie eine größere Schreibfläche als hier in diesem Buch.

Haben Sie eine Partnerin, einen Partner, Freunde, gute Bekannte und somit „Reibebäume" für Ihre Entwicklung? Sie brauchen viele, ja sehr viele Personen, die Ihnen Rückmeldungen (Feedback) geben, weil Sie vielleicht nicht alles allein sehen und spüren.

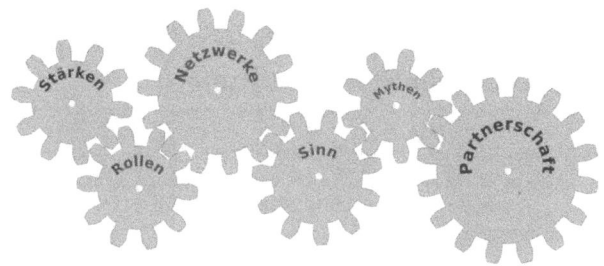

Schritt 1:
Meine Stärken – Meine Bedürfnisse

Füllen Sie folgende Liste Ihrer **Stärken und Bedürfnisse,** was Sie gut können und was Sie zum Leben brauchen, aus. Ergänzen Sie diese Liste im Laufe der weiteren Übungen immer wieder. Das ist Ihr Kapital, mit dem Sie handeln können.

Stärken sind Fähigkeiten, Eigenschaften und Kenntnisse, was ich kann und worin ich gut bin.

Bedürfnisse sind Ihre Erwartungen ans Leben. Was brauche ich?

Beispiele für Bedürfnisse: Anerkennung, Harmonie, Kommunikation, Arbeiten im Team, Wertschätzung, Soziale Kontakte, Konflikte lösen, Führen, Konsequenz, Gottvertrauen, Veränderungsbereitschaft

Vor kurzem gab ich jemandem, der mich als Coach gesucht hatte, die Aufgabe, seine Frau und separat einige Freunde zu fragen, was diese glauben, dass er an Stärken und Bedürfnissen besitze. Zum nächsten Termin kam er mit einer Excel-Liste, in die er diese Rückmeldungen eingetragen hatte. Eine überwältigend lange Liste – ein Zeichen, was andere an ihm bestärkend gefunden haben.

Eigen- und Fremdbeobachtung

Meine Stärken
z.B.: Konzentrationsfähigkeit
Analytisches Denken
Teamplayer

Meine Bedürfnisse
z.B.: Wertschätzung
Harmonie
Kommunikation

Vergessen Sie nicht, mit Partnern, Freunden, Kollegen und Bekannten zu sprechen und deren Rückmeldungen auch in die Tabelle einzutragen. Was meinen diese, worin Ihre Stärken bzw. Bedürfnisse liegen? Je mehr Rückmeldungen – umso besser. Sie werden aus den folgenden Schritten weitere Stärken und Bedürfnisse ergänzen können.

Schritt 2:
Was habe ich in meiner beruflichen Tätigkeit getan, um meine Aufgaben, meinen Job

a. an meine Fähigkeiten anzupassen
b. mich an die geforderten Fähigkeiten anzupassen?

Jedem Menschen stehen zwei Entwicklungsrichtungen zur Verfügung. Ich kann versuchen, mich an meinen Job anzupassen, indem ich Aufgaben und Themen übernehme, für die ich wenig oder kein Potenzial in mir spüre. In anderen Worten: ich kann diese Defizite zu Stärken für mich machen, sie also abbauen oder sie reduzieren – soweit das möglich ist. Ich kann aber auch die andere Richtung bevorzugen und Stärken sowie Bedürfnisse, die ich erkannt habe, in meine Aufgabe einbringen. Mit anderen Worten heißt das, meine Aufgabe (meinen Job) an meine Stärken anzupassen.

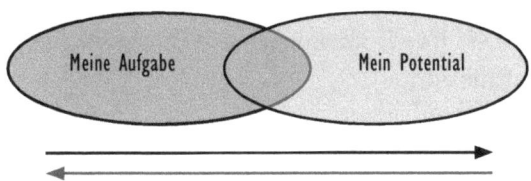

HAB' ICH MICH AN MEINEN JOB ANGEPASST?

Denken Sie jetzt einmal nach, wo Sie diesen beiden Richtungen gefolgt sind: wo konnten Sie Ihre Aufgabe, Ihren Job oder Ihre Stellenbeschreibung so verändern, dass Sie Ihre persönlichen Stärken einbringen konnten? Und in der anderen Richtung, wo haben Sie sich den Anforderungen der Aufgabe angepasst, obwohl Sie gespürt haben, dass dies nicht Ihre Talente und Fähigkeiten sind?

Tragen Sie Ihre Erinnerungen und Erlebnisse in die folgende Tabelle ein:

Potenzial- oder Defizitorientierung

Was habe ich getan, um meine Talente in meinen Job einzubringen?
z.B.: Ich habe meine Sprachenkenntnisse systematisch in den Job eingebaut
Ich habe meine Dienstreisen mit meinem Sprachentalent erweitert.
Ich habe mein Verhandlungstalent immer mehr eingesetzt

Was habe ich getan, um mich gemäß den Anforderungen meines Jobs zu verändern?
z.B.: Ich habe Buchhaltung gelernt, weil ich es gebraucht habe.
Ich habe mich zu konzentrierter Einzelarbeit gezwungen, weil es in diesem Job notwendig war
Ich habe Zuhören gelernt, obwohl es mir nicht leicht fiel.

Potenzialorientierung ist das Schlüsselwort für alle Lebensphasen, ganz sicher aber für die Zeit nach der Berufstätigkeit. Wer nur der Defizitorientierung nachläuft, wird nie damit fertig. Vor Jahren, als ich noch das Seminarinstitut leitete, erhielt ich einen Anruf eines jungen Mannes, der mir die Frage stellte, ob ich ein Seminar anbieten könne, bei dem er alle seine Defizite (Schwächen) erkennen kann. Ich antwortete ihm: Was tun Sie, wenn Sie alle Ihre Defizite kennen? Antwort: dann mache ich mir eine Liste davon und baue ein Defizit nach dem anderen ab. Und dann? Dann bin ich fehlerfrei oder ohne Defizit. Leider habe ich ihn nie mehr getroffen.

Schritt 3:
Berufswünsche und Berufsverweigerungen in meinem Leben

Was wollte ich als Kind einmal werden? Und was auf keinen Fall?

Input: Ich wollte als Kind auf keinen Fall Lehrer werden. Weil ich so viele Beispiele erlebt hatte, wo ich mir immer wieder sagen musste: so ein Lehrer möchte ich nie werden. Wenn ich jetzt mein bisheriges Leben ansehe, bin ich zwar nicht Lehrer, aber Trainer und Berater geworden. Aber ganz anders als meine damaligen Lehrer, daraus habe ich wahrscheinlich die Energie für ein neues Berufsbild bekommen.

Welche Berufe wollte ich in meinem Leben bisher anstreben?

Berufe	Warum?
z.B.: Architekt	Weil ich Phantasie habe
Lehrer	Um anderen etwas zu vermitteln
Reiseführer	Selbst reisen zu können
Krankenpfleger	Meine soziale Ader leben

Was wollte ich unter keinen Umständen werden?

Berufe	Warum?
z.B.: Lehrer	Schlechtes Beispiel aus meiner Schulzeit
LKW-Fahrer	Das Alleinsein mag ich nicht
Forscher	Die Verbissenheit fehlt mir

WAS ICH WERDEN WOLLTE... UND WAS NICHT

Wenn es Menschen gibt, die Sie seit Ihrer Kindheit kennen, haben diese vielleicht noch andere Berufe und Ideen von Ihnen in Erinnerung. Vielleicht wird die Liste dadurch länger.

Schritt 4:
Meine Erfolge – meine Misserfolge

Input: Manchmal haben wir etwas gemacht, was ein großer Erfolg war – und manchmal etwas, was uns total misslungen ist. Graben Sie solche Erinnerungen wieder aus und betrachten Sie, was Ihnen dabei gelungen – oder nicht gelungen ist. Wie haben Sie es angelegt? Wie würden es andere gemacht haben? Was ist der Unterschied zwischen „anderen" und Ihnen? Was ist Ihre persönliche Fähigkeit gewesen, dass da etwas gelungen ist, was vielleicht vorher anderen Mitmenschen nicht gelungen ist. Und wenn Sie sich fragen, was der Grund Ihres Misserfolges war, dann sehen Sie sich noch einmal in der Erinnerung an, wie Sie geplant haben, vorgegangen sind, was Ihre Stolpersteine waren und sozusagen „Ihr Anteil" an dem Misserfolg war. Je intensiver Sie sich diese beiden Ereignisse ansehen, umso mehr Antworten werden Sie bekommen und so Ihre Stärken-Liste vervollständigen können.

MEINE ERFOLGE UND MISSERFOLGE

Meine Erfolge und Misserfolge

z.B.: Einen Flohmarkt in meiner Gemeinde organisiert. Weil viele Menschen geklagt haben, ihre Dinge nicht anzubringen bzw. zu verwerten. Alle waren überrascht, wie gut es gelaufen ist.

z.B.: Ich habe eine Vortragsreise einer angesehenen Person organisieren wollen. Aber die Einladungen wurden erst nach dem Vortrag verschickt und nur wenige Menschen sind gekommen.

Jetzt überlegen Sie bitte, was ihnen bei dieser Suche durch den Kopf gegangen ist bzw. jetzt geht. Wenn Sie weitere Stärken und zusätzliche Bedürfnisse dabei gespürt haben: Gehen Sie dazu zu Schritt 1 zurück.

ACHTUNG: Wenn Ihnen mit Hilfe der bisherigen Fragestellungen bereits eine Blitzidee, wie Ihre zukünftige Vision aussehen könnte, einschießt: steigen Sie bitte jetzt nicht schon aus, sondern gehen Sie die geplanten Schritte mit dem Buch bis zum Ende weiter. Wahrscheinlich kommen Ihnen dann noch ganz neue Ideen.

Schritt 5: Meine sozialen Kompetenzen

Jeder von uns hat unterschiedliche Soziale Kompetenzen. Gerade dadurch unterscheiden sich die Menschen

MEINE SOZIALEN KOMPETENZEN

und erst die Kombination „meiner" Sozialen Kompetenzen macht mich aus. Einzelne Kompetenzen haben andere Menschen auch, vielleicht sogar noch stärker ausgeprägt als bei mir. Aber mich machen genau meine Kompetenzen, meine sozialen Fähigkeiten aus – in ihrer gesamten Kombination.

Wie kann man Soziale Kompetenzen beschreiben? Wikipedia spricht von einem Komplex von Fähigkeiten, die dazu dienen, in Kommunikations- und Interaktionssituationen entsprechend den Bedürfnissen der Beteiligten Realitätskontrolle zu übernehmen und effektiv zu handeln. Praktisch kann man sagen, Soziale Kompetenz ist die Fähigkeit, andere zu verstehen sowie sich ihnen gegenüber situationsangemessen und klug zu verhalten.

Die folgende Liste enthält eine Reihe von Sozialen Kompetenzen. Kreuzen Sie die 7 aus dieser Liste an, die Ihrer Meinung nach bei Ihnen am stärksten ausgeprägt sind:

Meine Sozialen Kompetenzen

☐ Blickkontakt halten	☐ Fehler eingestehen
☐ Gefühle offen zeigen und äußern können	☐ Änderungen bei störendem Verhalten anderer verlangen
☐ Nein-Sagen können	☐ Erwünschte Kontakte arrangieren
☐ Versuchungen zurückweisen können	☐ Auf Kontaktangebote eingehen
☐ Um einen Gefallen bitten können	☐ Unerwünschte Kontakte beenden
☐ Auf seinem Recht bestehen	☐ Komplimente akzeptieren
☐ Stärken zeigen	☐ Komplimente machen
☐ Schwächen eingestehen	☐ Lob, Zustimmung erteilen
☐ Auf Kritik reagieren	☐ Ausreden lassen
☐ Widerspruch äußern können	☐ Zuhören können
☐ Sich entschuldigen können	☐

Erkenntnisse, die Sie aus dieser Beantwortung bekommen haben, tragen Sie bitte wieder in die Liste der Stärken/Bedürfnisse in Schritt 1 ein. Damit wächst diese Seite allmählich und wird umfassender.

Wenn Sie jetzt Partner, Freunde, Kollegen oder Bekannte zu diesen Themen – bezogen auf Sie – ansprechen und um ihre Ansicht bitten, werden Sie wieder ergänzende Antworten bekommen, weil das Fremdbild meist ein wenig vom Eigenbild abweicht. Das macht auch nichts, ganz im Gegenteil, wir brauchen für die weitere Lebensplanung beide Ansichten.

Schritt 6:
Was wird mit dem Älterwerden besser?

Im Kapitel „Was wird mit dem Älterwerden besser?" haben wir bereits festgestellt, dass sich gerade ältere Personen nicht vorstellen können, dass es mit dem Älterwerden neue Chancen gibt, Fähigkeiten zu spüren sind, die in früheren Jahren nicht vorhanden waren. So paradox es klingt: es wird mit dem Älterwerden sicherlich vieles anders oder schwächer, vor allem bei körperlichen Aspekten. Aber es wird auch vieles mehr und besser: Wenn man es sucht und akzeptiert. Aus der unten zitierten Online-Umfrage finden Sie hier die Liste der Eigenschaften und Fähigkeiten, die im Alter wachsen können. Wählen Sie die 7 Eigenschaften, die bei Ihnen durch das Älterwerden besonders gewachsen sind, aus dieser Liste aus.

Liste der 20 Begriffe, die im Alter mehr/besser werden

Begriff	Beschreibung
Authentizität	Echtheit in der persönlichen Wirkung
Erfahrung	Berufliche Kenntnisse, variationsreiche Reaktionsmöglichkeit, aus Fehlern gelernt
Für andere da sein	Mentor, Coach, Väterlich-/Mütterlichkeit, Klagemauer, Anderen Orientierung geben
Gesundheitsbewusstsein	Verantwortung für Körper und Geist, Genussfähigkeit
Glaubwürdigkeit	Überzeugendes und konsequentes Handeln
In Zusammenhängen denken	Entwicklungen überblicken, einschätzen, Einsicht in Relativität und Komplexheit, vernetztes Denken
Konfliktbewältigung	Erfahrung im Umgang mit Konflikten, Lösungskompetenz
Kontinuität	Langjährige Beziehungspflege, wechselseitiges Vertrauen z. B. Kunden
Loyalität	Identifikation mit Arbeit und Unternehmen
Menschenkenntnis	Führungserfahrung, Entscheidungsfähigkeit, Erkennung von Potenzialen
Kooperation	Gemeinsames vor Trennendes stellen, Einbindung in diverse Gruppen und Netzwerke
Qualitätsbewusstsein	Qualität mit Verantwortung sichern
Routine	Situationen aus Erlebtem vergleichbar bewältigen
Sinn des Lebens	Erkenntnis, worauf es im Leben wirklich ankommt, Wahrnehmung der Endlichkeit
Unabhängigkeit	Freiheit zum Handeln, Gelassenheit
Verantwortungsbewusstsein	Tragweite von Handlungen berücksichtigen, Selbstständigkeit
Weisheit	Klugheit, Reife, Geduld, Lebenserfahrung, Vertrauen in die eigenen Fähigkeiten
Weitblick	Die Dinge auf den Punkt bringen, sich auf das Wesentliche konzentrieren
Wertschätzung	Menschen mit Werten und Respekt begegnen
Zeitbudget	Selbstbestimmte Zeitgestaltung, Entschleunigung, bewussteres Leben

WAS IM ALTER MEHR WIRD...

Welche 7 davon sind bei Ihnen am stärksten gewachsen? Das ist Ihr persönliches Kapital, mit dem Sie handeln können.

Wenn Sie bei der Online-Umfrage mitmachen wollen, dann öffnen Sie den Link: sen4.at/Umfrage und kreuzen Ihre 7 am stärksten gewachsenen Begriffe an. Jetzt gehen Sie auf „senden" und sofort sehen Sie auf Ihrem Bildschirm die bisherigen Ergebnisse von derzeit 2160 Personen.

Haben Sie wieder neue Fähigkeiten gefunden, die Sie auf Liste 1 eintragen können? Diese Liste wird während dieses Prozesses immer länger und interessanter.

Schritt 7:
Welchen Mythen stimmen Sie zu
bzw. lehnen Sie ab?

Je öfter man solche Mythen hört und je öfter man sie sogar selbst verwendet, umso mehr erhalten sie geradezu Rechtscharakter. Ein Beispiel vielleicht: „Bier auf Wein, das lasse sein. Wein auf Bier, das rate ich dir." Haben Sie einmal nach einem Glas Wein ein Glas Bier getrunken? Und sind nicht daran gestorben? In wie vielen Runden, bei Heurigen oder einem Festmahl werden immer wieder diese Sätze zitiert? Aber sie werden dadurch nicht richtiger. Ich muss mir selbst ein Bild von ihnen machen.

Liste von möglichen Mythen rund ums Alter:

- ich freue mich schon so auf die Pension
- ich weiß, dass mich viele Menschen auch später brauchen
- zunächst will ich mich einmal erholen
- ich habe keine Angst vor dieser Zeit
- ich bin froh, nichts mehr mit der Firma zu tun zu haben
- es zahlt sich für mich ohnehin nicht mehr aus
- das kann ich nicht
- unser Pensionssystem ist gesichert
- die demographische Entwicklung betrifft mich nicht
- alte Menschen sitzen auf den Arbeitsplätzen der jungen, eine späterer Pensionsantritt bewirkt Jugendarbeitslosigkeit

MYTHEN DES ALTSEINS

- alte Menschen sind weniger produktiv und weniger gesund
- ältere sind weniger innovativ
- es wird eigentlich alles so weitergehen wie es bisher war
- usw.

Vielleicht kennen Sie einige Rentner in Ihrer Umgebung, die Sie zu einem Gespräch gewinnen können. Gehen Sie mit diesen die obige Liste durch und erkunden Sie, wie diese heute zu diesen Fragen stehen. Haben sich diese Sätze für sie bewahrheitet oder haben sie erkannt, dass viele dieser Mythen gar nicht stimmen? So z.B. die oft vertretene Behauptung, dass Ältere den Jüngeren die Arbeitsplätze wegnehmen. Selbst das österreichische Sozialministerium hat in einer Untersuchung festgestellt, dass so ein Jobtausch nicht stattfindet. Denn Jobs sind niemals eins zu eins übernehmbar und Jüngere machen eben etwas Anderes. Ich kenne eine Dame, die aus sozialer Verantwortung heraus selbst so früh als möglich in Pension gegangen ist, um damit einen Arbeitsplatz für einen Jugendlichen frei zu machen. Es ist schade, wenn so eine persönliche Lebensentscheidung auf falschen Fakten basiert und man dann merkt, dass der eigene Rücktritt niemandem genützt hat. Wie in Schritt 6 dargestellt, können Jüngere etwas, was Ältere nicht so gut können, aber Ältere können dafür etwas, was Jüngere nicht so gut beherrschen.

Schritt 8:
Welche Träume konnte ich in meiner Jugendzeit nicht realisieren?

Vielleicht fehlte das nötige Geld, vielleicht haben die Eltern oder Erzieher Ihnen vermittelt, dass das nicht gut sei für Sie usw. Vermutlich sind viele dieser damals nicht realisierbaren Träume verschüttet worden, Sie haben sie vielleicht vergessen. Graben Sie deshalb ein wenig in Ihrer Vergangenheit, fragen Sie Geschwister, Freunde, Schulkollegen etc. Denn solche tiefliegenden Träume können neue Schätze und eine Fundgrube für unsere Sammlung der Stärken und Bedürfnisse sein.

Wenn Ihnen im Moment kein solcher Traum einfällt, heben sie sich die Frage auf, es werden Ihnen sicher Antworten später einfallen.

MEINE TRÄUME IN DER KINDHEIT...

Meine Träume in der Kindheit

Als Kind habe ich geträumt, einmal ...
z.: Lokomotivführer zu sein
Pilot zu werden
Rauchfangkehrer zu werden (kann schmutzig sein)

Warum sind diese Träume nicht zustande gekommen?
z.B.: Die nächste höhere Schule war zu weit entfernt
Meine Eltern hatten nicht das Geld für eine bestimmte Ausbildung
Niemand in meiner Verwandtschaft hat meine künstlerischen Ambitionen verstanden

Welche Erkenntnisse bringen Ihnen diese Träume: Sehen Sie dadurch eventuell Stärken, an die Sie bisher nicht gedacht haben oder fühlen Sie dabei Bedürfnisse, die für Sie wesentlich sein können? Dann tragen Sie diese in Schritt 1 ein.

ACHTUNG: Auch wenn Sie jetzt glauben, die Idee Ihres Lebens gefunden zu haben, schon genau zu wissen, worin Ihre zukünftige Herausforderung liegen wird: Folgen Sie noch nicht dieser Spur, sondern gehen Sie mit mir die nächsten Schritte.

Schritt 9:
Wird die Pension unserer Partnerschaft guttun?

Wenn ich die These „Die Pension wird meiner Ehe gut tun" in einem Seminar oder einem Vortrag einbringe, entsteht fast immer ein wissendes Lächeln in den Gesichtern der Zuhörer oder gar lautes Lachen im Raum. Diese These ist aber nicht ein Witz, der zum Lachen führt, sondern pure Wahrheit in seiner Umkehrung. Viele Menschen berichten, dass sie nach zwei Wochen heiß ersehntem Urlaub schon wieder froh waren, an den Arbeitsplatz zurückkehren zu können. Aber bei jemandem, der in Pension ist, gibt es diese Rückkehr nicht mehr.

Wir sind es nicht gewohnt, 24 Stunden am Tag, 7 Tage und 52 Wochen lang mit dem Partner beisammen zu sein, weil wir es während der beruflichen Tätigkeit ver-

WIRD DIE PENSION MIR UND MEINEM PARTNER GUTTUN?

lernt haben. Rasch ein (gemeinsamer) Kaffee am Morgen und abends gibt es manchmal auch noch unterschiedliche Termine auswärts. Das ist und war vielfach unser Leben. So entsteht oftmals ein Problem, das behutsames, gegenseitiges aufeinander Eingehen, Zuhören und Aussprechen erfordert. Die Statistik sagt, dass in dieser Zeit die größte Anzahl an Scheidungen festgestellt wird.

Eine Geschichte: Stellen Sie sich beispielhaft etwa die Gattin eines großen Chefs vor, der noch in diesem Jahr in Pension geht. Sie weiß genau, dass es noch – sagen wir – genau 237 Tage sind bis zum Ende ihrer Freiheit. Ab diesem Tag ist sie dann die Gattin eines frischgebackenen Pensionisten und der Göttergatte ist jetzt immer da. Schreiben Sie diese Geschichte einfach selbst weiter – Ihre Kreativität braucht keine Grenzen.

Partnerschaft

Was wird sich bei mir in Bezug auf meine Partnerschaft mit der Pension ändern?

Meine Wünsche – meine Erwartungen?

Die (vermeintlichen) Wünsche meiner Partnerin, meines Partners?

Meine nächsten Schritte?

Aufgabe: Füllen Sie dieses Formular aus, wenn der Platz nicht ausreicht, verwenden Sie ein neues Blatt. Vielleicht können Sie dieses Blatt mit Ihrer Partnerin, Ihrem Partner, austauschen.

Schritt 10:
Der Sinn meines Lebens

Das klingt schon ziemlich großspurig. Worum geht es aber? Wenn Sie das Glück haben, Ihre letzte Stunde bei Bewusstsein zu erleben und dann zurückblicken auf Ihr Leben: Werden Sie dann sagen können, dass Ihr Leben sinnvoll war, Sinn gemacht hat und Sie mit sich somit zufrieden sein können?

WAS MACHT FÜR MICH SINN?

Anleitung: Suchen Sie zunächst eine – Ihre – Definition von Sinn. Manche sagen, dass die Antwort damit zusammenhängt, ob mich jemand hier und jetzt braucht. Vielleicht ist Briefmarken sammeln und sortieren nur für Sie allein nicht wirklich befriedigend. Aber wenn Schulklassen Sie besuchen, weil es immer spannend ist, wie Sie Geschichte einmal anders vermitteln, nämlich über Briefmarken, dann bekommen Sie das Gefühl, gebraucht zu werden – und etwas Sinnvolles getan zu haben.

Sinnfrage in meinem Leben: „Was ist für mich Sinn?"

Was alles stellt einen Sinn in meinem Leben dar?

Welche Themen beschäftigen mich in meinem Leben am meisten (Familie, Beruf, Gesundheit, Glaube ...)

Spüre ich, wofür ich im Grunde lebe?

Wie stelle ich mir eine erfüllende Aufgabe vor? Oder: Welche Aufgabe würde mir etwas bedeuten?

Wie stelle ich mir sinnerfülltes Leben vor?

Was ist mein Beitrag zur Welt aufgrund meiner Einzigartigkeit?

Aufgabe: Lassen Sie sich Zeit bei diesem Punkt. Und kommen Sie später wieder hierher zurück, um fortzufahren. Reden Sie vielleicht auch mit Partnern, Freunden, Coaches oder Beratern.

Schritt 11:
Mein Fantastisches Scenario:

Jetzt heißt es einmal, ganz loszulassen und nicht „vernünftig" zu handeln, sondern spontan und ohne das Gefühl zu haben, einen Aufsatz für die Schule schreiben zu müssen.

Das ist eine schwierig klingende Aufgabe, weil Sie einen Tag in Ihrem Leben – aber in 10 Jahren! – in Form eines Tagebuches beschreiben sollen. Natürlich wissen wir alle nicht, was in 10 Jahren sein wird. Aber wir wissen auch nicht, was nicht sein wird.

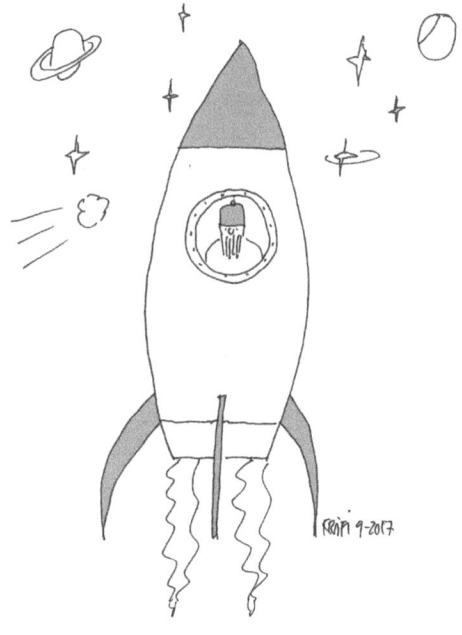

WO SEH' ICH MICH IN 10 JAHREN

Ich empfehle Ihnen, einen entspannenden Platz zu suchen, es sich gemütlich zu machen und dann ein gerne benütztes Schreibgerät und ein Paar Blätter Papier in die Hand zu nehmen. Sie schreiben vielleicht bewusst noch „Heute habe ich …" und lassen dann den Stift oder die Feder selbsttätig weiterschreiben. Ja, das geht, wenn Sie es einfach zulassen, wenn Sie nicht einen guten Deutschaufsatz schreiben wollen, sondern loslassen, zulassen, es schreiben lassen. Es ist eine Übung nur für Sie.

Unlängst habe ich in einem Seminar, während die Teilnehmer ihr „Fantastisches Szenario" schrieben, dies auch für mich getan, weil ich wieder einmal wissen wollte, ob das wirklich so funktioniert. Ohne ein Ziel, ganz den Stift alleine schreiben lassend. Am Ende war ich sehr überrascht, was da auf dem Papier stand. Und es war auch eine gute Anregung dabei.

Keine Angst, es klingt viel schwieriger, als es dann wirklich ist.

Mein „Fantastisches Scenario"
oder
Mein Tagebuch in 10 Jahren

Stellen Sie sich vor, Sie sitzen am Abend dieses Tages in 10 Jahren (!) vor einem Blatt Papier und schreiben, wie der heutige Tag (in 10 Jahren) verlaufen ist, was Sie gemacht haben, was Sie gefreut oder geärgert hat, wen Sie getroffen haben usw.

Heute habe ich ...

Wenn Sie wollen, lassen Sie jetzt jemandem Ihr Fantastisches Scenario, Ihr Tagebuch am Abend eines Tages in 10 Jahren, lesen und bitten Sie diese Person, genau zu berichten, was mit Ihnen in diesen 10 Jahren – laut diesem Scenario – geschehen ist.

Eine kleine Hilfe: wenn Sie Ihr Fantastisches Scenario jetzt lesen und finden, dass dieser Tag auch morgen sein kann, dann haben Sie vielleicht zu sehr mit dem Kopf gearbeitet. Probieren Sie es einige Tage später wieder, diesmal ohne Hirnsteuerung, einfach loslassen.

Aufgabe: was ist Ihnen dabei bewusst geworden?

Vielleicht haben Sie wieder eine Stärke oder ein Bedürfnis von Ihnen entdeckt. Tragen Sie es in dem Blatt Übung 1 ein.

Schritt 12:
Meine Rollen

Wir gehen einen Schritt weiter. Was fällt Ihnen auf die Frage „Als was sehe ich mich?" ein? Hier geht es nicht um Berufe, sondern um Rollen, in und mit denen Sie agieren.

Ich bringe Ihnen hier einige Rollenpaare, die Sie anregen können, die eigene Rolle zu finden. Sind Sie eher

- Entscheider oder Zögerer
- Einzelkämpfer oder Teammensch
- Führer oder Mitläufer
- Denker oder Handler
- Detailverliebter oder Überblicksmensch
- Mitreißer oder Mitgeher
- Sprecher oder Schreiber
- Geduldiger oder …
- Altruist oder eher Egoist
- Genießer oder …
- Friedfertiger oder Kämpfer
- …

Tragen Sie bitte die auf Sie zutreffenden Rollen und auch neue in die Tabelle ein.

Meine Rollen

Als was sehe ich mich?
z.B.: Mitreißer
Führungskraft
Analytiker - Denker
Koordinator

Klingen da auch ergänzende Stärken oder Bedürfnisse heraus? Dann geben Sie bitte auch diese zu Blatt Übung 1 und freuen Sie sich, dass die Liste inzwischen schon ziemlich lang geworden ist.

Aber ACHTUNG: auch jetzt ist noch zu früh, zu glauben, bereits die allerbeste Idee für die Herausforderung in der Zukunft gefunden zu haben. Warten Sie noch die nächsten Aufgaben ab – dann können Sie sich über den gefundenen Weg freuen. Jetzt ist es zu früh.

ALS WAS SEHE ICH MICH

Schritt 13:
Meine Wissensbilanz

Wenn Sie in Pension gehen, was ist gerade Ihr Wissen, Ihr Können, Ihre Erfahrung, die im Unternehmen fehlen wird? Was ist in Ihrem „Rucksack" an Know How, das Ihr Unternehmen gerne hätte, aber nicht daran heran kommt? Viele Unternehmen stellen fest, dass Ihre Ehemaligen etwas mitgenommen haben, was jetzt fehlt. Da wird dann meist ein aufgeblasenes „Wissensmanagement-Programm" gestartet, um dem vorzubeugen. Aber wenn der Besitzer dieses Know How's nicht will, nützen alle diese Systeme nichts.

MEIN KÖNNEN, MEIN WISSEN

Was wäre von Seiten Ihres Unternehmens notwendig, dass Sie gerne Ihr Wissen zurücklassen? Oder wollen Sie Ihr Unternehmen bei dieser „letzten" Gelegenheit strafen, indem Sie alles, was nicht abgefragt wird, mitnehmen? Hier zeigt sich noch einmal, wie wichtig ein gutes, ja ein sehr gutes Betriebsklima sein kann: wenn der Ausscheidende selbst den Wunsch hat, seine Erfahrungen und sein Wissen bereitwillig zurückzulassen.

Tragen Sie im folgenden Formular sein, worin Ihr spezifisches Know How besteht:

Mein spezifisches Chancenpotenzial

„Meine Wissensbilanz"	Für das Unternehmen ist dies		
(Nur) ich allein weiß ganz speziell	sehr wichtig	wichtig	unwichtig
z. B.: Bedienung eines alten EDV-Programms			
Geschichtliche Firmendaten			

Wer in Ihrem (bisherigen) Unternehmen weiß, was Sie persönlich wissen bzw. können? Es ist Ihnen nicht verboten, darüber zu sprechen – wenn Sie wollen. Hört Ihnen niemand zu, dann können Sie noch immer den Rucksack füllen und damit gehen. Aber vielleicht können Sie sich soweit bemerkbar machen, dass einige Kolleginnen und Kollegen darüber Bescheid wissen. Wer weiß, was vielleicht noch passieren kann.

Schritt 14:
Meine Netzwerke

Wir haben schon mehrmals davon gesprochen, dass die Kontakte – geschäftlich und auch persönlich – sich rasch verflüchtigen. Auch wenn man mit einigen Kunden sehr persönliche Beziehungen gepflegt hatte, vielleicht sogar miteinander auf Urlaub gefahren ist usw., diese Zeit ist um und wir verschwinden schneller als wir denken aus den Datenbanken und Adressverzeichnissen. Immer wieder höre ich diese Berichte und sie treffen auch auf mich persönlich zu.

Für uns bedeutet das, dass wir jetzt die Chancen nützen können, neue Kontakte zu finden, neue Netzwerke zu bilden oder in sie einzusteigen, dass wir aktiv werden können beim Knüpfen neuer Beziehungen.

MEIN PERSÖNLICHES NETZWERK

Personen in meinem Umfeld

„Vernetzungschance"	Nutzbar für mich		
Privat: (Partner, Verwandte, Freunde)	sofort	später	gar nicht
Firmen-Umfeld (Kunden, Lieferanten, Kollegen, Kooperationspartner, Mitbewerber)	sofort	später	gar nicht
Andere Kontakte	sofort	später	gar nicht

Wenn Sie in dieses Formular konkrete Namen von Personen einsetzten, werden Ihnen vielleicht auch Ideen kommen, wie Sie dieses Netzwerk nützen und vielleicht noch mehr aktivieren können.

Schritt 15:
Chancenmatrix

Einmal muss doch die ewige Suche nach Stärken, Bedürfnissen, Träumen und Feedback-Gebern zu Ende sein! – denken Sie sich vielleicht schon längere Zeit. Und zwar mit Recht. Denn Sie sind fast am Ziel: all das, was Sie während der 14 Schritte gesammelt, gedacht, geschrieben und gesucht haben, wollen wir jetzt zusammenfassen, um daraus die herausfordernde Zielsetzung, die Vision Ihres Lebens abzuleiten.

Alles, was Sie bisher über sich gefunden haben, kann jetzt Platz in dieser Matrix finden. Manche sagen, diese Darstellungsform sei das Wesentlichste für die Planung der Zukunft, weil sie viel Material ergibt, das wieder zu konkreteren Entscheidungen führen kann.

Tragen Sie zunächst in der Tabelle senkrecht ihren bisherigen Job, Ihre bisherige Beschäftigung oder Beschäftigungen ein, ob Sie noch berufstätig sind oder schon in Pension. Dann suchen Sie sich aus den Tabellen, die Sie ausgefüllt haben, Ideen für Berufe, für Jobs. Auch wenn diese nie als Dauerjobs in Frage kommen, teilweise könnten Sie sich aber vorstellen, mit einzelnen davon beruflich etwas zu tun haben zu wollen.

Wenn Sie im Moment nicht mehr mit der Liste senkrecht weiterkommen, füllen Sie in die waagrechten Felder alle erdenklichen „Abnehmer", die Sie vielleicht brauchen könnten, ein. Wer auf der ganzen Welt kann mich brauchen? Bleiben Sie dabei nicht nur in Ihrem bisherigen Berufsfeld,

WER BRAUCHT MICH?

sondern gehen Sie in ganz fremde Bereiche, inhaltlich und auch geografisch. Was könnten Sie z. B. in Afrika im Busch den dortigen Menschen anbieten? Oder in einem politikfremden Feld, das Sie bisher eigentlich immer abgelehnt haben? Oder in einer kirchlichen Organisation genau mit Ihren Talenten? Alles ist hier erlaubt und möglich, wenn es vielleicht für Sie in Frage kommt.

Über mögliche Abnehmer finden Sie vielleicht neue Ideen für Ihre möglichen Beschäftigungen – und umgekehrt. Diskutieren Sie diese Matrix auch mit Ihrem Partner, mit Ihrer Partnerin. Und mit guten Freunden, Coaches, ehemaligen Führungskräften vielleicht, kurz mit vielen Menschen, die bereit sind, Ihnen zu helfen.

In den beiden senkrechten Spalten kreuzen Sie bitte jeweils mit einem + oder – an, ob Sie eine Stärke oder ein Bedürfnis bei der jeweiligen Tätigkeit spüren. Wenn Sie bei einer Tätigkeit entweder keine Stärke oder kein Bedürfnis spüren, streichen Sie die ganze Zeile durch. Da wird meist nichts mehr daraus.

Jetzt versuchen Sie, die Kreuzungspunkte zwischen Job und Abnehmer zu markieren. Bei welchen Abnehmern kann ich diese Tätigkeit, gänzlich oder teilweise, einsetzen.

Schlussempfehlung:
Kümmern Sie sich eher um Beschäftigungen, die mehrere Abnehmer haben bzw. um Abnehmer, bei denen Sie viele Ihrer Fähigkeiten einbringen können. Diese Kreuzungen sind umso fruchtbarer, je mehr Kombinationen Sie finden.

Mein Chancendepot

Was kann ich anbieten? Angebot / Tätigkeit	+/- Stärken	+/- Bedürfnis	Abnehmer — Wer braucht mic			
			Jetzige Firma	Firma X	Selbständig	Kommune
Bisheriger (letzter) Job						
Teamleiter						
Journalist						
Fotograf						
Arbeitsvorbereiter						
usw.						

Abnehmer — Wer braucht mich?										
Entwicklungshilfe	Politik	Soziale Einrichtung	Kirchliche Einrichtungen							

Es wird schon deutlich, wo eine Tätigkeit nur einen einzigen Abnehmer gefunden hat und andererseits, wo Sie bei einem einzigen Abnehmer mit verschiedenen Fähigkeiten in Kombination punkten können. Es kristallisiert sich so immer mehr heraus, was Ihre Vision sein kann.

Was ist als Herausforderung ratsam? Ideal ist es, wenn sich möglichst viele Aspekte verbinden lassen: soziale Kontakte, körperliche Bewegung, geistige Anstrengung, bisher bekannte und ungenützte Talente. Beschäftigungen, die außerdem mit einem Gefühl von Sinn und einem klaren Ziel verbunden sind, kann man ruhigen Gewissens als lebensverlängernd bezeichnen.

 Wenn Sie diese Chancen-Matrix lieber in Form einer Excel-Datei, die Sie anpassen können, verwenden wollen, finden Sie diese im Internet unter: sen4.at/Chancen

Am Ende:
MEIN AKTIONSPLAN

Sie haben es geschafft! Nach diesen 15 Schritten ist Ihnen vielleicht manches bewusst geworden, was in der Zeit der Freitätigkeit genau Ihre Beschäftigung, ja Herausforderung sein kann. Ich gratuliere Ihnen dazu und freue mich mit Ihnen. Ob Sie diese genau auf Sie passende Aufgabe gefunden haben oder nicht, tun müssen Sie auch jetzt etwas, damit Ihnen Nägel mit Köpfen gelingen.

Vor allem brauchen Sie jetzt andere Menschen, die – wie wir schon gesagt haben – Ihr Reibebaum sein können, um entweder zu korrigieren oder zu vervollständigen. Menschen, die Sie kennen und die aus dieser Perspektive Ihre Ideen und möglichen Vorhaben hinterfragen. Das können Ihr Partner, Ihre Partnerin sein, gute Freunde und Kameraden, Gesprächspartner aus der beruflichen Umgebung, eventuell (ehemalige) Vorgesetzte, Berater, Coaches und Therapeuten. Jede und jeder wird Ihr Bild von Ihrer Zukunft ernst nehmen – und dies auch sagen.

Füllen Sie jetzt auch noch das folgende Formular aus, damit Sie nicht gute Vorsätze fassen, dann aber darüber keine Kontrolle haben, ob etwas geschehen oder gelungen ist.

Das ist Ihre persönliche Checklist für Ihre Lebensplanung.

Mein Aktionsplan:
„Meine Verpflichtung – mir gegenüber"

Aktivität	Mit wem	Bis wann	Bemerkung
z.B.: Guten Freund einladen und bereden			
Mit Partner(in) Liste ansehen			
Fantastisches Szenario diskutieren			
Beratung einholen			
Mein Chancendepot erweitern			
usw.			

MEIN AKTIONSPLAN
MEINE VERPFLICHTUNG MIR GEGENÜBER

Und wenn Sie immer noch keine Idee gefunden haben?

Natürlich kann es sein, dass Sie entweder kein konkretes **Angebot,** das in Ihren Augen attraktiv ist oder keinen **Abnehmer,** der genau das, was Sie anbieten, brauchen kann, bisher gefunden haben. Jetzt haben Sie mehrere Handlungsmöglichkeiten:

- Den Hut draufhauen und die Suche nach einer Herausforderung aufgeben

- Den Kreis der Menschen, die Sie als Reibebaum benützen können, ganz bewusst zu erweitern und Personen ansprechen, an die Sie bisher nicht gedacht haben
- Professionell einen Coach oder Berater engagieren bzw. ein Seminar suchen, wo Sie in einer Gruppe Suchender anderen und dadurch sich selbst helfen
- Oder: einfach zu den 15 Schritten mit den entsprechenden Formularen wieder gehen, also die Bemerkungen und Notizen, die Sie bisher gefunden haben, zu ergänzen.

Denn die 15 Schritte sind keine Einbahnstraße, die man nur von Nummer zu Nummer gehen kann, sondern sie sind ein Gerüst von Fragen, die immer wieder ergänzt und erweitert werden können. Sie müssen nicht zu Schritt 1 gehen und dort anfangen, sondern Sie können auch bei einem Schritt, der Ihnen gerade ins Auge sticht, einsteigen und dann zu einem anderen Schritt kommen.

Bei allen Schritten geht es darum, mehr über Ihre Potenziale, Ihre Talente und Ihre Stärken zu erfahren. Je mehr Sie auf diese Weise über sich erfahren, umso größer sind die Chancen, damit die sinnstiftende Vision zu finden, die Sie herausfordert, animiert, in Spannung bringt und befriedigt. Sie werden auf die entscheidende Frage eine Antwort gefunden haben: wer braucht mich? Sie wissen ja: je stärker die Herausforderung, desto gesünder werden Sie in der Regel sein – und umso besser und länger werden sie leben.

Alles Gute für Ihre Reise. Wie geht es jetzt weiter.

Zunächst gratuliere ich Ihnen, dass Sie das Buch nicht in eine Ecke geworfen oder am Nachtkästchen haben ver-

stauben lassen. Sie sind also bis zum Ende des Buches mit-
gegangen. Dass das nicht selbstverständlich ist, habe ich
einleitend schon gesagt. Ich wünsche Ihnen an dieser Stelle,
dass Sie nie die Verantwortung für Ihre Entwicklung aus
der Hand geben: Sie sind verantwortlich für Ihre Entwicklung. Kein Partner, kein Freund, kein Vorgesetzter und kein
Kollege sind dafür verantwortlich – nur Sie allein.

Fühlen Sie sich jetzt wohler als am Beginn des Buches?
Ich wünsche Ihnen, dass Sie im Laufe der einzelnen Schritte
eine Idee, eine Herausforderung, eine Vision gefunden
haben, die Sie nun mit all Ihrer Energie anstreben können.
Es wird Rückschläge geben, aber Sie haben auch die Kraft,
diese zu überwinden. Wenn sich nach zwei oder drei Jahren
etwas verändert hat, nehmen Sie ruhig das Buch wieder in
die Hand. Es hat mit Ihnen ein Prozess begonnen, der wei-
terlaufen soll.

Toi, toi toi und alles Gute für den Start!
Ihr
Leopold Stieger

P.S.: Schreiben Sie mir, wenn Sie Rückmeldungen aus Ihrer
Umgebung erhalten, die Sie freuen. Teilen Sie das bitte auch
mit mir.

Aber schreiben Sie mir vor allem, wenn Sie mit dem
vorgeschlagenen Prozess nicht gut zurande kommen und
Schwierigkeiten erleben. Auch auf diese Mail freue ich mich
sehr. Ich werde Ihnen antworten. Sie finden mich mit der
Adresse: stieger@seniors4success.at

Weitere Impulse können Sie gewinnen, wenn Sie sich die folgenden Informationen und Hinweise, Berichte und Meldungen näher ansehen.

- Buch von Leopold Stieger:
  „Pension – Lust oder Frust?",
  Verlag New Academic Press, 2017
  Das Buch kann eine Entscheidungs-
  hilfe sein: Hängematte oder Durch-
  starten?
  In allen Buchhandlungen erhältlich.
  Preis: € 9,90

- Die Plattform von Seniors4success:
  sen4.at mit vielen Texten, Umfragen und
  Berichten.

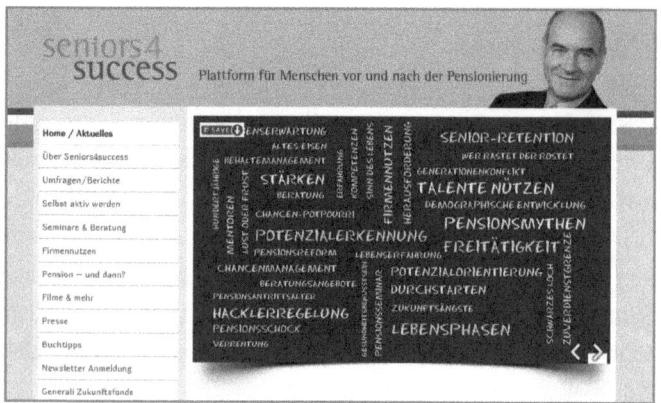

- Der kostenlose Newsletter von Seniors-4success: Bestellung über sen4.at/Newsletter

Sollte dieser Newsletter nicht richtig angezeigt werden, klicken Sie bitte hier. Webversion

seniors4success Plattform für Menschen vor und nach der Pensionierung

Newsletter 56

Vor Kurzem fiel mir wieder das Büchlein von Cicero – Über das Alter – in die Hand und ich wunderte mich, was sich seit seiner Zeit eigentlich nicht verändert hat, es geht im Leben auch darum, was nachher geschieht oder bleibt. Cicero sagt: „Niemand wird mich je davon überzeugen können, dass … so viele Männer so Großes versuchten, was das Andenken der Nachwelt betraf, wenn sie nicht sahen, dass es eine Beziehung der Nachwelt zu ihnen geben konnte. Oder glaubst du etwa – damit ich mich nach Art der alten Menschen selbst rühme -, ich hätte solche Mühen bei Tag und Nacht, im Frieden und im Krieg auf mich genommen, wären meinem Ruhm dieselben Grenzen wie meinem Leben bestimmt? Wäre es da nicht viel besser gewesen, die Lebenszeit in Muße und Ruhe ohne irgendeine Mühe und Anstrengung zu verbringen? Aber auf irgendeine Weise schwang sich meine Seele auf und blickte immer so auf die Nachwelt voraus, als wäre es ihr bestimmt, erst dann zu leben, wenn sie aus dem Leben geschieden wäre."

- Diverse Videos: Filme, die mit persönlicher Mitwirkung gedreht wurden, finden Sie hier: sen4.at/Filme

- Zeitungs- und Zeitschriftenartikel, Interviews: sen4.at/Artikel

- Seminare mit Leopold Stieger:
  - „Den Übergang meistern": Dauer 2,5 Tage, Programm: sen4.at/Uebergang

  - „Perspektive 50+": Dauer 2,5 Tage, Programm: sen4.at/Perspektive

Prof. Dr. Leopold Stieger ist der Pionier der Personalentwicklung in Österreich. Er hat 1972 die „GfP – Gesellschaft für Personalentwicklung" gegründet. Nach der Übergabe dieses Unternehmens an seine Söhne im Jahre 2004 hat er neu durchgestartet und die Plattform Seniors4success ins Leben gerufen. Damit konzentriert er sich auf die Zielgruppe „Menschen rund um den Übergang" mit der klaren Absicht, allen die Chancen im Zuge des Übergangs nach der reinen Berufstätigkeit in die neue Lebensphase „Freitätigkeit" bewusst zu machen. Er bezeichnet dies als sein soziales Engagement, um dem Land etwas davon zurückzugeben, was er dankenswerterweise erhalten hat. Nach seiner humanistischen Ausbildung studierte er Betriebswirtschaft an der damaligen Hochschule für Welthandel und promovierte 1965. 2005 wurde ihm der Berufstitel „Professor" vom Bundespräsidenten für seine Verdienste als Pionier und Erfinder der Personalentwicklung verliehen. Sein Leitbild ist „Erfolg durch bewusste Selbstentwicklung".

Die Cartoons dieses Buches stammen von Architekt **DI Kristian Philipp** aus St. Michael im Lungau. In seiner Zeit der „Freitätigkeit" entdeckt und nützt er sein Talent zur spitzen Feder unter seiner Signatur „krifi". Er bereichert das Buch mit der Schärfe eines Karikaturisten und macht es verständlicher und lesenswerter.